权威推荐

U0207412

高效养鹅技术

夏风竹　陈俊峰　编著

权威专家联合强力推荐　　专业·权威·实用

本书对鹅的优良品种、鹅场的经济化建设、
鹅的优质饲料、种鹅的高效培育、鹅蛋的孵化、
鹅的高效饲养管理、鹅的常见病防治进行了全方位、
多角度的介绍，同时加入了前沿生态养鹅技术，条理清晰，简洁易懂。

河北科学技术出版社

图书在版编目(CIP)数据

高效养鹅技术 / 夏风竹，陈俊峰编著. -- 石家庄：
河北科学技术出版社，2013.12（2024.4重印）
ISBN 978-7-5375-6551-6

Ⅰ.①高… Ⅱ.①夏… ②陈… Ⅲ.①鹅–饲养管理
Ⅳ.①S835.4

中国版本图书馆 CIP 数据核字(2013)第299532号

高效养鹅技术
夏风竹　陈俊峰　编著

出版发行　河北科学技术出版社
地　　址　石家庄市友谊北大街330号（邮编:050061）
印　　刷　三河市南阳印刷有限公司
开　　本　910×1280　1/32
印　　张　7
字　　数　140千
版　　次　2014年2月第1版
　　　　　2024年4月第2次印刷
定　　价　42.80元

Preface ☞ 序

推进社会主义新农村建设，是统筹城乡发展、构建和谐社会的重要部署，是加强农业生产、繁荣农村经济、富裕农民的重大举措。

那么，如何推进社会主义新农村建设？科技兴农是关键。现阶段，随着市场经济的发展和党的各项惠农政策的实施，广大农民的科技意识进一步增强，农民学科技、用科技的积极性空前高涨，科技致富已经成为我国农村发展的一种必然趋势。

当前科技发展日新月异，各项技术发展均取得了一定成绩，但因为技术复杂，又缺少管理人才和资金的投入等因素，致使许多农民朋友未能很好地掌握利用各种资源和技术，针对这种现状，多名专家精心编写了这套系列图书，为农民朋友们提供科学、先进、全面、实用、简易的致富新技术，让他们一看就懂，一学就会。

本系列图书内容丰富、技术先进，着重介绍了种植、养殖、职业技能中的主要管理环节、关键性技术和经验方法。本系列图书贴近农业生产、贴近农村生活、贴近农民需要，全面、系统、分类阐述农业先进实用技术，是广大农民朋友脱贫致富的好帮手！

中国农业大学教授、农业规划科学研究所所长
设施农业研究中心主任 张天柱

2013年11月

Foreword 前言

　　农业是国民经济的基础，是国家稳定的基石。党中央和国务院一贯重视农业的发展，把农业放在经济工作的首位。而发展农业生产，繁荣农村经济，必须依靠科技进步。为此，我们编写了这套系列图书，帮助农民发家致富，为科技兴农再做贡献。

　　本系列图书涵盖了种植业、养殖业、加工和服务业，门类齐全，技术方法先进，专业知识权威，既有种植、养殖新技术，又有致富新门路、职业技能训练等方方面面，科学性与实用性相结合，可操作性强，图文并茂，让农民朋友们轻轻松松地奔向致富路；同时培养造就有文化、懂技术、会经营的新型农民，增加农民收入，提升农民综合素质，推进社会主义新农村建设。

　　本系列图书的出版得到了中国农业产业经济发展协会高级顾问祁荣祥将军，中国农业大学教授、农业规划科学研究所所长、设施农业研究中心主任张天柱，中国农业大学动物科技学院教授、国家资深畜牧专家曹兵海，农业部课题专家组首席专家、内蒙古农业大学科技产业处处长张海明，山东农业大学林学院院长牟志美，中国农业大学副教授、团中央青农部农业专家张浩等有关领导、专家的热忱帮助，在此谨表谢意！

　　在本系列图书编写过程中，我们参考和引用了一些专家的文献资料，由于种种原因，未能与原作者取得联系，在此谨致深深的歉意。敬请原作者见到本书后及时与我们联系（联系邮箱：tengfeiwenhua@ sina. com），以便我们按国家有关规定支付稿酬并赠送样书。

　　由于我们水平所限，书中难免有不妥或错误之处，敬请读者朋友们指正！

编　者

CONTENTS

>> 目 录

第一章 优质鹅品种

第二章 鹅场与鹅舍

第三章 鹅的营养与饲料

第四章 种鹅的高效培育

第五章 鹅蛋的孵化

第六章 鹅的饲养管理

第七章 规模化生态养鹅

第八章　鹅的常见病与防治

第一章
优质鹅品种

来源相同、形态相似、结构完整、遗传性能稳定、具有一定数量和较高经济价值的鹅群被称为鹅的品种。养鹅业实现生产的高效化、生态化、规模化主要依据于鹅的品种，它可以直接影响到鹅的生产性能与养鹅的经济效益。

国内鹅的品种资源非常多，产蛋量高的豁眼鹅、太湖鹅、四川白鹅，产肉、产绒性能好的皖西白鹅，产肝性能较好的溆浦鹅、浙东白鹅、狮头鹅等都属于国内优良的地方鹅品种。这些地方优良品种都有着适应性广、抗逆性强、耐粗饲、觅食力强、产蛋多、肉质好的特点，同时它们还蕴含着较大的遗传变异能力和选择潜力。国外生产性能优异的鹅品种也有很多，例如，既具备肉用性能又具备肥肝性能的埃姆登鹅、图卢兹鹅、朗德鹅等。了解和掌握鹅品种的知识可以帮助我们有目的、有计划地利用现有鹅品种的丰富资源，发展高效生产，利用鹅的杂交优势，培育新品种，从而提高养鹅的经济效益。

第一节 我国的鹅品种 ≫

我国养鹅业历史悠久，饲养数量大，分布范围广，其品种资源丰富多样。目前区分我国鹅品种类型主要有以下两个方面：一是占了绝大多数的中国鹅，其中又分有许多品变种；二是产于新疆的伊犁鹅。其中中国鹅在世界上是最著名的鹅种之一，同时也属于欧亚大陆上的主要鹅品种，一度被引进到很多国家饲养，并改良了当地品种，在国外有很多出名的鹅品种其血统都与中国鹅息息相关。中国鹅之所以著称于世，不仅是因为它的高产蛋率，还因为它能广泛地适应不同自然条件的变化，并能接受各种低劣饲料。目前在我国饲养的大多数都是中国鹅，在漫长的品种形成和普及过程中，由于各地自然条件和人为选择的不同，逐渐形成了许多优良的中国鹅的品变种或品种群，其组成的不少优秀地方良种的规模化态势趋于明显，不同程度上丰富了我国养鹅品种的资源。据粗略调查，目前已经形成 20 多个地方良种，其中被《中国家禽品种志》收录的就有 12 个以上，这些优良的地方品种不仅囊括了中国鹅的典型特性，还各自具备着独特的优良性状。

在养鹅生产中一般会把中国鹅按体形分为大、中、小三种类型，如果按羽色则分为白鹅和灰鹅两种。以下是部分具有代表性的中国鹅的地方优良品种。

大型鹅的品种

狮头鹅属于我国最大型的鹅种，是我国唯一的大型优质鹅种，同时也是世界上少数大型鹅种之一。该品种主要适用于生产肥肝。"狮头鹅"这个名称源于额部几乎覆盖于喙上发达的肉瘤，加之两颊又有 1～2 对肉瘤，形状酷似狮头。该大型鹅品种原产于广东省的饶平县溪楼村，在澄海县和汕头市郊分布较广泛。狮头鹅因其较大的体形、快速的生长、较好的肥肝生产性能和高效的饲料利用率，经常被用于品种间的杂交配套。

中型鹅的品种

（1）溆浦鹅　溆浦鹅属于我国中型鹅品种中的出色代表，它既是优良的肝用中型鹅种，具有生产特级肥肝潜力，又是优良的肉用鹅品种。溆浦鹅原产于湖南省沅水支流的溆水两岸，以溆浦县近郊为中心产区，并以此扩散到怀化地区。该鹅品种一直以来都采用自繁自养的方式，同时注意优良品种的选择与交配，逐渐促进了本品种的形成与提高。近年来，由于溆浦鹅体型大，前期生长速度快，饲料耗费少，觅食能力强，并适应大多数不同的自然环境，加之其肥肝生产性能仅次于狮头鹅而位列第二，所以逐渐受到各地养鹅户的青睐，常引种用来杂交，希望能够提高配套杂交商品鹅的肥肝生产力。其次，溆浦鹅的产羽绒性能也比较好，但产蛋量不是很多。

（2）雁鹅　雁鹅属于中国鹅的灰色品种，为中型鹅种的典型代表，它是一种粗放牧养的肉用鹅种。雁鹅的外貌整齐，适应能力强，耐粗饲性能好，抗病能力强，生长速度较快，肉质好，一年四季都可以产蛋抱窝，不过产蛋量不是很多。雁鹅原产于安徽省六安市的霍邱、寿县、六安、舒城，合肥市的肥西以及河南省的固始等县。

（3）浙东白鹅　浙东白鹅属于优良的肉用鹅品种，是我国较为出名的中型鹅品种。浙东白鹅主产区在浙江东部的奉化、象山、定海等县，其分布范围主要是勤县、绍兴、余姚、上虞、临县、新昌等县。浙东白鹅不仅生长速度快、肉质好、耐粗饲，而且还有优良的产羽绒、产肥肝的生产性能。

（4）皖西白鹅　皖西白鹅属于优良肉用鹅品种，是我国中型鹅中出色的鹅种之一。该品种鹅早期生长速度快、饲料耗费少、肉用性能好、羽绒品质优良等，不过产蛋量不是很高。皖西白鹅原产于安徽省西部的丘陵山区与河南省固始县一带，其分布范围主要有皖西的霍邱、寿县、六安、肥西、舒城、长丰和河南的固始等县。皖西白鹅早在明代嘉靖年间就有史料记载，其历史已有四百余年。皖西白鹅产羽绒性能好，绒朵大，羽绒洁白，是安徽省重要的出口物资，同时用皖西白鹅腌制加工的"腊鹅"是当地产区人民的传统美食。

（5）四川白鹅 四川白鹅属于产蛋量较高的中型优质肉用鹅种，没有就巢性。四川白鹅的肉仔鹅生长速度快，适应能力强，可接受粗饲料，环境适应性好，并且肉用性能较好，其生产的羽绒质量较高。四川白鹅原产于四川省温江、乐山、宜宾、永川和达县等地，其分布范围主要有平坝和丘陵的水稻产区。该品种鹅只需要放牧饲养90天左右就可以提供肥嫩的仔鹅上市，同时可以出口优质的白色羽绒，因此在平原和丘陵地区很受欢迎。

（6）天府肉鹅配套系 天府肉鹅配套系是近两年来由我国四川农业大学家禽育种试验场培育成的一个中型鹅品种配套系，这种配套系的鹅羽毛呈白色，生长快，其中商品仔鹅只需在放牧补饲条件下60日龄便可上市。

小型鹅的品种

（1）闽北白鹅 闽北白鹅属于肉用型鹅种，是小型鹅中的优良代表，闽北白鹅生长速度快、产肉率高、耐粗饲。闽北白鹅的主产区是福建省北部的松溪、政和、浦城、崇安、建阳、建瓯等县市，其主要分布范围有南平市的邵武市，宁德地区的福安、周宁、古田、屏南等县市。

（2）阳江鹅 阳江鹅属于肉用型鹅种，是性成熟最快的小型鹅。

阳江鹅的主产区是广东省湛江地区的阳江市，主要分布范围有阳江市周边的阳春、电白、恩平、台山等县市，部分也分布在江门、韶关、海南、湛江乃至广西地区。

（3）乌鬃鹅 乌鬃鹅属于肉用型鹅种，由于其颈背部有一条深褐色的鬃状羽毛带形似乌鬃而得名。乌鬃鹅最初产于广东的清远县，主产区为清远县北江两岸的洲心、源潭、附城、江口等地，与之相邻的花县、佛岗、从化、英德等县也会饲养该品种鹅，其分布的范围主要有粤北、粤中以及广州市郊。乌鬃鹅的饲养最早可追溯到宋朝，其历史非常悠久，该鹅的特点主要有早熟性好，肉用性能佳，觅食能力较强，不过母鹅的就巢性强，产蛋也不多。

清远的乌鬃鹅属于灰色小型鹅种，有一定自己的规模以及优点。因其骨细，肉嫩而多汁，出肉率高，在港澳地区销售时有较好的声誉。

（4）酃县白鹅 酃县白鹅属于肉用型鹅种，主产区为湖南省炎陵县（旧称酃县）的沔渡和十都两镇，其分布范围主要是沔水和河漠水流域，另外，在与炎陵县相邻的资兴、桂东、茶陵和江西省的宁冈等县市也有部分分布，其中莲花县出产的莲花申鹅与酃县白鹅属于同种。酃县白鹅历史悠久，曾远销到广东被用来换盐。在当地，养鹅户门大多采用自繁自养的方式，长此以往，逐渐形成了很多许多近亲繁殖的家系，维持了酃县白鹅稳定的品种性能，保持了其一致的体形外貌。

（5）伊犁鹅　伊犁鹅又被称为塔城飞鹅、雁鹅。主产区位于新疆伊犁的哈萨克自治州直属县、市，其分布范围主要包括伊犁哈萨克自治州、其他地区以及博尔塔拉蒙古自治州一带。伊犁鹅可接受粗饲料饲喂，适宜放牧养殖，可以短距离的飞翔，环境适宜性强，可应对寒冷的气候条件。伊犁鹅是我国唯一由野生雁驯化而来的鹅种，其生产性能不是很高。

（6）太湖鹅　太湖鹅属于蛋肉兼用型品种，是世界上比较有名的一种小型高产品种。太湖鹅原产于长江三角洲的太湖地区，其主要分布范围包括浙江省杭嘉湖地区、上海市郊县和江苏省的大部，全国诸如东北、河北、湖南、湖北、江西、安徽、广东、广西等许多省市现都有饲养该品种鹅。太湖地区历来实行"种鹅年年清"的饲养方式，这也是太湖鹅品种形成的主要的一个因素。这种饲养方式就是利用当地的自然条件与农业生产季节的配合，选用当年的新鹅育种，充分利用春季所产的种蛋，采用人工孵化的方法，生产雏鹅。等到6月中下旬的时候，雏鹅滞销，

便将种鹅全部淘汰。等到了秋季，依然利用原有棚舍和劳力，再从当年肉鹅中选留作种，提高了养鹅的经济效益。这种只养一个产蛋期的新鹅留种方式，起到了人工选择的作用，逐渐形成了太湖鹅的体形小、宜牧、早熟、产蛋多、就巢性消失等特点。太湖鹅的繁殖性能良好，可作为生产肉用仔鹅的母本。该种的仔鹅肉用性能好，由太湖鹅加工而成的苏州的"糟鹅"、南京的"盐水鹅"都非常受人们的喜爱。太湖鹅产羽绒性能好，具有较高的经济价值。不过因其是小型鹅种，产肥肝的性能不高。

（7）豁眼鹅　豁眼鹅属于蛋用鹅品种，因其产蛋多，肉质佳，繁殖快，无就巢性，成为我国北方较为出名的小型鹅品种。豁眼鹅原产于山东莱阳地区，其分布范围主要有东北的辽宁昌图、吉林通化、黑龙江延寿县等地，现已被引入全国多个省区。豁眼鹅因其两上眼睑明显的豁口而得名，同时也被称为五龙鹅、疤拉眼鹅和豁鹅，属于白色中国鹅的小型品变种。豁眼鹅产羽绒性能较好，不过绒絮稍短，其肥肝性能略高于太湖鹅。

豁眼鹅的抗寒能力极强，耐粗饲，并且其产蛋量是世界上最高的，可作为母本品系与生长快的中型鹅组成配套杂交组合。豁眼鹅在以放牧为主且只需要补充少量精料的条件下，其年产蛋便可重达12～13千克，同优良蛋用型鸡和鸭相媲美，而且该品种鹅每千克蛋所耗费饲料量比鸡、鸭都低。由此可通过系统选育，培育出更理想的高产品系，开辟出养禽业的新领域——蛋鹅业。

（8）仔鹅　仔鹅属于蛋用鹅品种，其抗寒能力强，可接受粗饲料喂养，产蛋性能高。仔鹅的主产区为黑龙江省绥北和松花江地区，主要分布于肇东、肇源、肇州等县市。其因产蛋多而得名。

（9）永康灰鹅　永康灰鹅属于灰色中国鹅中小型品种鹅的变种，它成熟早，发育快，有较好的肥肝，是我国主产鹅肥肝品种之一。

永康灰鹅原产地在浙江永康县及部分毗邻地区，目前其雏、仔鹅已销往浙江省内各个地区以及江苏、上海等省市。

（10）长乐灰鹅　长乐灰鹅属于肉用鹅品种，是福建省的优良地方鹅种。它以青粗料为主食，节省精料，生长速度快，出肉率高，70日龄体重便可达到3.5～4千克，屠宰率为70%左右，肥肝性能优良，养殖成本低，周转较快，饲养粗放，不过还没有经过系统选育。长乐灰鹅历史悠久，随长乐县农民的祖先从北方移民而来，在濒海的自然生态条件下，经过长期选育，形成了适用于海滨放牧的优良鹅种。

第二节 国外的鹅品种 》

外国鹅品种的体形区分标准和中国的鹅不同，其成年鹅的体重一般要大于中国鹅。

大型鹅的品种

（1）非洲鹅 非洲鹅属于肉用型鹅品种。其体形较为粗壮，体躯长、深而宽。良种一般站立时身体姿势会与地面形成 30°～40°角者。非洲鹅的颈部厚壮，喙坚硬，成年鹅的前额有一块凸出向前的头瘤，下颚和颈的上部有一光滑而呈新月形的颈垂悬挂着，并随着年龄的增加而伸长。非洲鹅的双眼大而深陷，体躯底线较平，龙骨不外凸，腹部丰满不松垂，尾巴上翘且包褶紧凑，是理想的体形。虽然它的体形很大，但是其体内脂肪确实是大型鹅中最少的，同时繁殖年限长，抗寒能力强。

①灰色非洲鹅。头呈浅褐色，头瘤及喙是黑色，眼睛呈深褐色，其体躯的背部以及翅膀为灰褐色，颈、胸和身体下部为浅灰褐色，最显著的特色是其从头冠直至颈背有一条深褐色的纹彩线条。成年非洲鹅还有一道窄的白色羽带分隔开了褐色头冠、黑色的喙以及头瘤，双腿与蹼的颜色呈深橘红色到浅橘红色。

②白色非洲鹅。鹅羽毛全为白色，喙、头瘤呈橘红色，脚胫和

蹼则是浅橘红色，群体的数量比较少，体形比灰色非洲鹅略小，表型尚未完全一致。

（2）埃姆登鹅　埃姆登鹅是一种古老的大型鹅种，原产地在德国的埃姆登城附近。可接受粗饲料喂养，成熟较早，其早期生长速度快，肥育性能好，肉用性能好。据有关学者观点，该品种鹅是以意大利白鹅和德国以及荷兰北部的白鹅杂交而成。19世纪时期，经过选育和杂交改良技术，被加入英国和荷兰白鹅的血统，其体形变大。在北美地区，商品化饲养场埃姆登鹅的饲养数量已经超过了所有其他品种鹅的总和。目前，我国台湾省已经引进该品种。

（3）图卢兹鹅　又叫茜蒙鹅和土鲁斯鹅，属于肉用和肥肝用品种，是世界上体形最大的鹅种。图卢兹鹅原产于法国南部的图卢兹市郊区，19世纪初由灰雁驯化选育而来，其分布范围主要是法国的西南部，之后被英国、美国等欧美国家引进。该品种专门被用于生产鹅肥肝。

中型鹅的品种

（1）朗德鹅 又称西南灰鹅，是世界著名肥肝型鹅种。原产法国西南部的朗德省，由当地原有的朗德鹅与图卢兹鹅和玛瑟布鹅经长期连续杂交选育而成。它是目前世界上最著名的肥肝专用品种，也是当前法国生产鹅肥肝的主要品种。

（2）莱茵鹅 世界著名肉用型和肥肝型鹅品种。原产德国莱茵河流域，在欧洲大陆均有分布。曾引入埃姆登鹅的血液，以提高其产肉性能，是欧洲各鹅种中产蛋量较高的品种。该鹅适应性强，食谱广，耐粗饲，能适应大群舍饲，成熟期较早。

体形中等偏小。初生雏背羽为灰褐色，2～6周龄逐渐变白色，成年时体羽洁白。喙、胫、蹼均呈橘黄色。头部无肉瘤，颈粗短。

（3）奥拉斯鹅 又名意大利鹅，属肉用鹅品种，原产于意大利北部。该鹅在改良育成过程中，为提高繁殖性能，曾引入人中国鹅血统。

体形中等，生长迅速，繁殖力强，全身羽毛洁白。

（4）玛瑟布鹅　又名格尔鹅，是产于法国南部的一种灰鹅，为肉用品种，也是一种很好的生产肥肝用鹅。填肥后活重达9～10千克，平均肥肝重684克左右。活重与肝重都比朗德鹅轻，但产蛋量比朗德鹅高，年产蛋量可达40～50个，因此在法国往往把它用作与图卢兹鹅、朗德鹅杂交的母本。

（5）玛加尔鹅　又称匈牙利鹅，它主要是由埃姆登鹅与巴墨鹅和意大利的奥拉斯鹅杂交育成的，生活力很强，为了提高本种的产蛋量，近几年又引入了莱茵鹅的血统。由于玛加尔鹅的饲养条件和所处的地理环境不同，它们的体形、毛色、生产性能等也出现了分化现象。平原地区的玛加尔鹅体形较大，羽毛一般为白色，喙、脚及蹼为橘黄色。成年公鹅体重达7千克，母鹅6千克，而多瑙河流域的玛加尔鹅体形较小。

（6）乌拉尔鹅　属肉用型品种，18世纪中叶即已出名，分布于南乌拉尔地区。1950年在库尔干省以沙德林斯克为中心，建立了沙德林斯克国家育种场，故又名沙德林斯克鹅。

乌拉尔鹅躯体长，头较小，嘴直，颈短，胸深，腿短。腹部有不太显著的皱皮。羽毛有白色、灰色和斑纹三种。喙和腿呈橘红色。

第二章

鹅场与鹅舍

　　随着我国养鹅业的发展，鹅场已由小规模养殖朝着集约化经营、工厂化生产的方向发展。鹅场作为鹅生产和生活的场所，是其重要环境条件之一。其设计与规划的优劣，直接关系到鹅的健康和生产性能的发挥，并对鹅场周围环境产生影响。因此，兴建鹅场时应做到以下几点：保证场区具有良好的小气候条件，为鹅场工作人员和鹅群创造适宜的生产生活环境；要符合各项生产工艺要求，便于合理组织生产，提高设备利用率和工作人员的劳动生产率；要便于执行各项卫生防疫制度和措施，避免鹅场对周围环境的污染，同时也要防止周围环境对鹅场的污染。

　　因此，鹅场的设置要从场址的选择、场地的规划、场内建筑的布局、场区卫生防疫设施等方面进行设计，做到经济上合理，技术上可行。鹅场的设备与用具较为简单，主要应选用经济实用的工具。

第一节　影响鹅场选址的因素　》》》

　　鹅场场址的选择与鹅场将来的经济效益、社会效益和环境效益关系重大，选择的场址是否合适还关系着鹅场能否存在下去。场址选择不当，不仅严重影响鹅场效益，甚至会造成无法挽救的后果。因此，选择场址时应考虑以下几个问题。

地势、地形和土质的选择

1. 地势

地势是指场地的高低起伏状况。要求地势高燥，不宜选择低洼潮湿的场地，因为潮湿的土壤必会滋生大量病原微生物、寄生虫和蚊、虻，继而造成场内鹅群疾病不断发生。但是，也不宜把鹅场选择在突出的山丘顶上，由于其风速过大，影响畜舍保温，特别是冬季显得十分寒冷。另外，鹅舍的位置还要求高出当地历年最高洪水线1米以上。地势宜选择南向坡地，不宜选择北向坡地，因为南向坡地能经常受到阳光照射，场区干燥，有利于避免冬季北风的袭击。北向坡地不仅背阳，而且冬季寒冷。

鹅场地面要平坦而稍有坡度，以便排水，防止积水和泥泞。陆上运动场连同水上运动场的地面应有坡度，但不能呈陡壁，应自然倾斜深入水池。地面坡度2°～5°为最理想，最大不得超过25°。

2. 地形

地形是指场地的形势大小和地物情况。地形要开阔整齐，不宜选择过于狭长和边角多的场地，边角过多多会增加防护设施的投资。另外不要选择在山口地带和山坳里。前者山口风速相当大，极不利于鹅舍冬季保温；后者往往出现场区空气呆滞、空气湿度大、闷热和阴冷等现象。

鹅舍用地的面积应根据饲养数量、饲养方式而定，陆上运动场的占地面积必须充足，最好留有发展余地。场地阳光必须充足。鹅舍建筑应坐北朝南，开放的一面方向应朝南或南偏东一些。

3. 土质

鹅场建设用地，以地下水位较低的沙壤土最好。因为沙壤土具有沙土和黏土的优点，透水性、透气性好，容水量及吸湿性小，毛细管作用弱，导热性小，保温良好质地均匀、抗压性强。黏土和有机质多的土，含水量大，排水不好、易积水，多雨季节会出现潮湿和泥泞。因为其抗压性低，常使建筑物的基础变形，从而缩短建筑物的使用年限。沙土类易于干燥并且有利于有机物的分解，但修在沙土上的建筑物易歪斜和倒塌，且保温不良，会使舍温昼夜相差悬殊，不利于鹅的健康。鹅舍内外应保持充分干燥。

凡是被污染的土壤不能建场，包括化学性环境污染和病原微生物污染。

水源的要求与选择

鹅是水禽，鹅的放牧、洗浴和交配等都离不开水。鹅的饮食、饲料的调制、鹅舍和用具的清洗以及饲养管理人员的生活，都需要使用大量的水。因此，选择鹅场必须要有良好的水质和供水丰富的水源。鹅场用水还应当取用方便，取水运输线短，设备投资少，处理技术简便易行。地下水丰富的地区可优先考虑选用地下水源。

同时最好具有地下水和地表水。地下水用作鹅场的生活用水，要干净卫生不受污染，应符合生活饮用水卫生标准。地表水如河流、沟渠、池塘或湖泊等流动水源可以供鹅游泳、锻炼及放牧等。但是水质不能受到污染，在附近或上游不应有畜禽屠宰场、畜禽产品加工厂、化工厂等污染源，否则对鹅场不利，易导致生产下降或鹅只染病、死亡。

交通和电力因素

鹅场要求交通便利，有利于饲料和产品的运输、鹅场对外宣传及工作人员外出。但为了防疫卫生及减少噪音，鹅场离主要公路的距离至少要在500米以上，如有围墙可缩短到50米左右，同时修建专用道路与主要公路相连。

选择场址时还应重视供电条件，必须保证可靠的电力供应，最好应靠近输电线路以尽量缩短新线架设距离。同时要求电力安装方便及电力保证24小时供应，必要时必须自备发电机以保证电力供应。

气候条件对鹅场的影响

温热环境是影响鹅养殖效益的重要因素，鹅场的小气候条件会影响鹅的生产性能的发挥。在寒冷地区，隆冬的严寒常使许多种鹅停止产蛋，饲料消耗增加；在炎热的地区，夏季的酷暑，蚊、蝇、

虱、虫的骚扰对养鹅的生长和产蛋很不利，生产水平会大为下降，结果导致经济效益下降。因此，从饲养场地来讲，应当尽量选择在气候长年温暖、夏季无高温、冬季无严寒的地区。

饲料供应和放牧条件

鹅是草食家禽，如果仅靠玉米、大麦、高粱、小麦、稻谷、饼类等精饲料养鹅，不仅不能充分发挥鹅的食草特点，同时还会增加饲养成本，所以养鹅生产必须有大量的青绿饲料供应或有足够的放牧草地。每只种鹅一天可以消耗 1.5～2.5 千克青草，因此，鹅场建设地点，必须有较多或较大的可供放牧的草地或者方便得到草源的地方。当然，即使具有广阔的草场，也应注意如何分区轮牧，或者改放牧为刈割喂饲，以保护草地资源。对缺乏天然草地的养鹅场，最好根据实际需要进行人工栽培牧草，同时努力提高牧草质量和数量，提高每公顷草地面积的养鹅量。

自然环境对鹅场的影响

鹅场场址的选择，还必须考虑环境污染的问题。既要避免鹅场遭受其周围环境的污染，远离污染源（如化工厂、屠宰场等），又要注意鹅场是否污染周围环境（如对周围居民生活区的污染等）。因此，鹅场最好应充分利用自然的地形、地物，如树林、河川等作为场界的天然屏障。鹅场的位置应选在居民点的下风处，地势低于居民点，但要离开居民点污水排出口，更不能选在化工厂、屠宰场、制革场等容易造成环境污染企业的下风处或附近。鹅场与居民点之间的距离应保持在 500 米以上，与其他畜禽场应在 1000 米以上。

此外，鹅场周围的自然环境应较为清静。鹅的胆子较小，警惕性较高，突然的巨响、嘈杂的汽车、拖拉机声及人声都会引起鹅群的惊恐和不安，以致影响鹅的生长、产蛋、配种及孵化。鹅场应远离噪音工厂、居民点和其他家禽饲养场最好相距 3～5 千米。

第二节　规模化鹅场的布局　》》

大型鹅场的区划布局

一个完整的、规模较大的养鹅场，应包括生活区、行政区、生产区、病鹅的饲养区和粪污处理区等部分。

（1）生活区　建有职工宿舍、食堂及其他生活服务设施和场所等。

（2）行政区　包括办公室、资料室、会议室、供电室、锅炉房、水塔、车库等。

（3）生产区　洗澡、消毒、更衣室、饲养员休息室、鹅舍（包

括育雏室、育成舍、蛋鹅或肉鹅舍、种鹅舍）、蛋库、饲料库、产品库、水泵房、机修室等。

小型鹅场的区划布局

　　小型鹅场各区划与大型鹅场基本一致，只是在布局时，一般将饲养员宿舍、仓库、食堂放在最外侧的一端，将鹅舍放在最里端，以避免外来人员随便出入鹅舍，也便于饲料、产品等的运输和装卸。

第三节　高效养殖的鹅舍建筑　　　　　　》》

　　鹅舍的建筑因鹅群的不同用途而分为育雏舍、育肥舍、种鹅舍及孵化室等几种。为降低养鹅成本，鹅舍的建筑材料应就地取材。

建筑竹木结构或泥水结构的简易鹅舍，也可是砖瓦顶或砖墙水泥瓦顶结构的鹅舍，用设计、建筑良好的塑料暖棚养鹅，也是一种不错的选择。养鹅只数不多时，可利用空闲的旧房舍，或在墙院内利用墙边围栏搭棚，供鹅栖息。

育雏舍的科学节约化设计

育雏舍主要用饲养 30 日龄以内的雏鹅。雏鹅由于绒毛稀少，体质娇弱，体温调节能力弱，抗病力差，故育雏舍应以保温、干燥、通风、无贼风、易消毒为原则。鹅舍内还应考虑有放置供温设备的地方或设置地火龙。鹅舍内育雏用的有效面积（即净面积）以每座鹅舍可容纳500～1000只鹅为宜。舍内分隔成几个圈栏，每一圈栏面积为 12～14 平方米，可容纳雏鹅 100 只。鹅舍地面用沙土或干净的黏土铺平，并打实，也可用方砖铺地或铺上水泥地面。舍内地面应比舍外地面高 20～30 厘米，以保持舍内干燥。育雏舍应有一定的采光面积，窗户面积与舍内地面面积之比为 1：10～1：15，墙高 2 米左右。育雏舍前是雏鹅的运动场，亦是晴天无风时的喂料场，场地应平坦且向外倾斜。由于雏鹅长到一定程度后，舍外活动时间逐渐增加，且早春季节常有阴雨，舍外场地易遭破坏，所以尤其应当注意场地的建筑和保养。一有坑洼，应及时填平、夯实，否则易造成积水，鹅群践踏后会泥泞不堪，常导致雏鹅跌倒、踩伤。运动场宽度为 3～6 米，长度与鹅舍长度等齐。运动场外接水浴池，池底不宜太深，且应有一定坡度，以便雏鹅上下和浴后站立休息。

育肥舍的高效合理化设计

以放牧为主的肥育鹅可不必专设育肥舍，由于育肥期鹅的体温调控能力较强，在气温较温暖的地区和季节，可利用普通旧房舍或用竹木搭成能遮风雨的简易棚舍即可。这种棚舍应朝向东南，前高后低。为敞棚单坡披式，前檐高约2米，后檐高约0.5米，进深4~5米，长度根据所养鹅群大小而定。用毛竹做立柱、横梁，上盖石棉瓦或水泥瓦。后檐砌砖或打泥墙，墙与后檐齐，以避北风。前檐应有0.5~0.6米高的砖墙，4~5米留一个宽为1.0~1.3米的缺口，以便鹅群进出。鹅舍两侧墙可砌到屋顶，也可仅砌与前檐一样高。这种简易育肥舍也应有舍外场地，并与水面相连便于鹅群人舍休息前的活动及戏水。为了安全，鹅舍周围可以架设旧渔网，渔网不应有较大的漏洞。鹅舍也应干燥，平整，便于打扫。养殖密度以每平方米可饲养7~8只70日龄的中鹅为标准，这种鹅舍也可用来饲养后备种鹅。

为减少鹅的活动及能量消耗，加快育肥速度，育肥期鹅多为圈养。集中育肥舍多为竹木搭成的棚舍，上面盖油毛毡、石棉瓦或水泥瓦等简易材料，高度以人在其间便于管理及打扫为度。南面可采用半开敞式即砌有半墙，也可不砌墙用全敞式。鹅舍长轴为东西走向，舍多为长方形，舍内成单列或双列式用竹条围成棚栏。这种棚栏可用竹子架高，离地70厘米棚底竹片之间有3厘米宽的孔隙，便于漏粪。围栏高0.6米，竹条间距为5~6厘米，以便鹅伸出头来采食、饮水。竹围栏外南北两面分设水槽和食槽。水槽高15厘米，宽20厘米；食槽高25厘米，上宽30厘米，下宽25厘米。双列式围栏应在两列间留出通道，食槽则在通道两边。围栏内应隔成小栏，每栏10~15平方米，可容纳育肥鹅70~90只。也可不用棚架，鹅群直接养在地面上，但需每天打扫，常更换垫草，并保持舍内干燥。

种鹅舍的要求及设计

种鹅舍每平方米可容纳中小型鹅2~3只，大型鹅2只，以每舍饲养400只左右为宜。北方鹅舍屋檐高度为1.8~2.0米，以利保暖，南方则应提高到3米以上。以利通风散热，窗户面积与舍内地面面积的比为1：10~1：20。舍内地面为砖地、水泥地或三合土地，舍内地面比舍外高出15~20厘米，以利排水，防止舍内积水。鹅舍的一角设产蛋间，地面最好铺木板，防凉，上面铺稻草，给鹅作窝产蛋。种鹅舍四面最好围上铁丝网，以保证无鼠害或其他小型野生动物偷蛋或惊扰鹅群。种鹅舍外设陆地运动场和水浴池。运动场面积为舍内面积的1.5~2倍。周围要建围栏或围墙，一般高度在1~1.5米即可。鹅舍周围应种树，高大的树荫可使鹅群免受酷暑侵扰，保证鹅群正常生活和生产。无树荫或虽有树荫但不大，可在水陆运动场交界处搭建凉棚。

孵化室的要求及设计

利用母鹅进行天然孵化时，孵化室应选在安静的地方，室内要尽量做到冬暖夏凉，空气流通，窗离地面高约1.5米。窗要开得小，使舍内光线较暗，以利母鹅安静孵化。孵化室面积每100只母鹅占地12~20平方米。舍内地面用黏土铺平打实，并比舍外高15~20厘米。舍前设有水陆运动场，陆上运动场应设有遮阴棚，以供雨天母鹅就巢离巢活动与喂饲之用。

大型鹅场主要靠人工孵化，人工孵化室要求既要通风又要保温，冬暖夏凉，地面铺有水泥，且有排水出口通室外，以利冲洗消毒。具体见第四章鹅蛋的孵化技术中相关部分。

与孵化室相邻并相通的，是与养殖、孵化规模相适应的存蛋库。蛋库中应备有蛋架车，蛋架车上的蛋盘应与孵化机中的蛋盘规格一致，以利操作。

第四节　传统和现代养鹅设备 》》

养鹅设备较为简单，未形成系列化、规格化的产品系列。一般都沿用形式多样的简易手工制品或借用一些现代养鸡的设备。

运 输 笼

用作育肥鹅的运输，铁笼或竹笼均可，每只笼可容 8～10 只，笼顶开一小盖，盖的直径为 35 厘米，笼的直径为 75 厘米，高 40 厘米。

育雏设备

1. 自温育雏设备

自温育雏是利用箩筐或竹围栏作挡风保温器材，依靠雏鹅自身发出的热量达到保温的目的。此法设备简单且经济，但管理费工，故只适用于小规模育雏。

（1）自温育雏箩筐　自温育雏箩筐分两层套筐和单层竹筐两种。两层套筐由竹片编织而成的筐盖、小筐和大筐拼合而成。筐盖直径60厘米，高20厘米，作保温和喂料用。大筐直径50~55厘米，高40~43厘米，小筐的直径比大筐略小，高18~20厘米，套在大筐之内作为上层。大小筐底铺垫草，筐壁四周用草纸或棉布保温。每层可盛初生雏鹅10只左右，以后随日龄增大而酌情减少。这种箩筐还可供出雏和嘌蛋用。另一种是单尾竹筐，筐底和周围用垫草保温，上覆筐盖或其他保温物。筐内育雏，喂料前后提取雏鹅出入和清洁工作等十分烦琐。

（2）自温育雏栏　自温育雏栏是在育雏舍内用50厘米高的竹编成的蔑围，围成可以挡风的若干小栏，每个小栏可容纳100只雏鹅以上，以后随日龄增长而扩大围栏面积。栏内铺上垫草，蔑上架以竹条盖上覆盖物保温，此法比在筐内育雏管理方便。

2. 加热育雏设备

指需要消耗外界能源以达到保温目的育雏设备，这部分能源主要有电、煤炭、柴火、天然气等。常见设备如下：

（1）保温伞保温　电热式保温伞有正方形、长方形和圆形3种。

正方形、长方形保温伞常用金属铝皮制成，边长 100～120 厘米（长、宽也大致在此范围），高 65～70 厘米，向上倾斜成 45°角，内装有电炉丝、电灯和自动调节温度装置。这种装置温度易调节，室内空气较清洁、不受污染，使用方便，一般每个保温伞可保温雏鹅 200～300 只，但耗电量大、无电和经常停电的地方不能使用。

现在生产的一种保温伞，其热源部分是一组燃烧煤气或液化气的燃气头，其余部件的构造与电热保温伞相似。

（2）红外线灯泡　红外线灯泡具有产热性能好的特点，在电源供应较为正常的地区。可从市场上购买红外线灯，安装在木板或金属管制成的十字架上，然后吊在育雏室或装在保温伞内，通过散发热量来育雏。灯泡的功率一般为 250 瓦，使用有亮光的红外灯保温时，第一周龄将灯泡悬挂在距地面 40～45 厘米处，温度达 32～34℃。第二周开始可根据室温高低和雏鹅神态调节灯泡悬挂的高度，每个灯泡可保温雏鹅 100～120 只。通常用铁、木架把 3～4 个灯泡交叉安装为一组，轮流使用。这样可避免因一个灯泡损坏而影响保温。使用红外线灯育雏，取材容易，安装使用方便，但缺点是灯泡易坏，应及时更换，以免育雏成本较高。

（3）炕道加热育雏　炕道加热育雏分地上炕道和地下炕道两种方式，地下炕道较地上炕道在饲养管理上方便，故生产中更多采用。此法在我国农村使用普遍，它主要由炉灶，烟道、烟囱构成。炉灶与一般家庭用的相似，其大小可根据育雏室面积的大小进行调整。烟道可用金属管、瓦管或陶瓷管铺设，也可用砖砌成，烟道一端连炉灶，另一端通向烟囱。烟道安装时，应注意有一定的斜度，近炉端要比近烟囱端低 10 厘米左右。烟囱高度相当于管道长度的二分之一，并要高出屋顶，过高吸火太猛，热能浪费大；过低吸火不利，育雏室温度难以达到规定要求。砌好后应检查管道是否通畅，传热是否良好，并要保证烟道不漏烟。使用坑道加热育雏，室内空气要好，这在供电不能保障的地区大量育雏时非常方便。但坑道育雏设备造价较高，燃料消耗较大，热源要有专人管理，这些都是它的不足之处。

（4）煤炉保温　煤炉保温不受电力条件限制，是最经济实用的保温方法。平养育雏时一个煤炉可保温20～25平方米的面积。煤炉式样各有不同，只要使用安全，保温性能良好都可使用。为了防止煤气中毒，可将炉底进气装置封闭。在边侧设置进气管和出气烟管，在进气管顶部进口处加一块玻璃板，通过玻璃板开启的大小来控制火力。为使炉温不致扩散，可在炉外套一个铁木制夹层的保温伞，四边长度相等，为100～120厘米，高度80～100厘米，向上倾斜成一定角度，这样伞形可保温250～300只雏鹅。一般也要配套使用护雏圈（即围篱、围栏）。围篱的高度约40厘米，直径为2.5～3.0米，并根据雏鹅对温度的需求情况调节护雏圈的大小。要围成圆环状，以防雏鹅在角落里互相拥挤而受伤。使用保温煤炉并要注意室内通风，经常开启门窗，否则易引起一氧化碳中毒。

软竹围和围栏

软竹图可围护一月龄以下的雏鹅，竹围高40～60厘米，圈围时可用竹夹子夹紧固定。一月龄以上的中鹅改用围栏，围栏高60厘米。竹条间距离2.5厘米，长度依需要而定。

喂料和饮水设备

应根据鹅的品种类型和不同日龄的雏鹅，配以大小和高度适当的喂料器和饮水器。要求所用喂料器和饮水器适合鹅的平喙型采食、饮水特点，能使鹅头颈舒适地伸入器内采食和饮水，但最好不要使鹅任意进入料、水容器内，以免弄脏。还要便于拆卸、清洗、消毒。其规格和形式可因地而异，既可购置专用料、水器，也可自行制作，还可以用木盆、瓦盆、塑料盆或旧轮胎代用。用于雏鹅的料盆、水盆，必须在盆上方加盖罩子（用竹条或粗铁丝编织制成）。雏鹅饮水器也常用塔形真空饮水器，它由一个上部呈馒头形或尖顶的圆桶与下面的一个圆盘组成。

圆桶顶部和侧壁不漏气，基部离底盘高2.5厘米处开1~2个小圆孔，圆桶盛满水后，当底盘内水位低于小圆孔时，空气由小圆孔进入桶内，水就会自动流到底盘。当盘内水位高出小圆孔时，空气进不去，水就流不出来。这种饮水器结构简单，使用方便，便于清洗消毒。它可用镀锌铁皮、塑料等制成。农村专业户则就地取材，用大口玻璃瓶或陶钵制造的简易饮水器也很适用。一般40日龄以上的鹅所用的喂料盆和饮水盆可不用加盖围罩，盆高应与鹅背高度相同。育肥鹅、育成鹅和种鹅的喂料器可用木板或水泥制成的长食槽或圆木盆，一般高度在15厘米左右。喂粉料和颗粒饲料时也可使用吊桶式自动圆形食槽，该食槽由一个锥状无底圆桶和一个直径比圆桶稍大的浅底盘联串而成。桶与盘之间用短链相连，可调节桶盘之间的间距。桶底正中央设一锥体物，以便于饲料自上而下向浅盘周围滑散。加料一次可吃1~2小时。悬挂高度以底盘高于鹅背高为宜。饮水器则用各种水盆代用。

产蛋巢或产蛋箱

一般生产鹅场多采用开放式产蛋巢，即在鹅舍一角用围栏隔开，地上铺以垫草，让鹅自由进入产蛋和离开。良种繁殖场如作母鹅个体产蛋纪录，可采用自动关闭产蛋箱。箱高50～70厘米，宽50厘米，深70厘米。箱放在地上，箱底不必钉板，箱上面安装盖板，箱前板设一个活动自闭小门，让母鹅可进箱产蛋，母鹅进入产蛋箱后不能自由离开，需集蛋者在记录后，再将母鹅提出或打开门放出鹅。

孵蛋巢或孵蛋筐

我国大部分鹅具有就巢性，每产完一窝蛋就自己就巢孵化，鹅的这种自然孵化的特性许多地方至今仍在沿用。各地的鹅孵蛋巢没有统一规格，原则是鹅能把身下的蛋都搂在腹下即可。目前常见的孵蛋巢有两种规格：一为高型孵巢，上径40～43厘米，下径20～25厘米，高40厘米，适用于中小型品种鹅；另一种为低型孵巢，上下径均为50～55厘米，高30～35厘米，适用于大型鹅。一般每100只

母鹅应备有 25～30 只孵巢。孵巢内围和底部用稻草或麦秸作垫物。在孵化舍内将若干个孵巢连接排列在一起，用砖和木板或竹条垫高，离地面约 10 厘米，并加以固定，防止翻倒。每个孵巢之间可用竹围隔开，使抱巢母鹅不互相干扰打架。孵巢排列方式视孵化舍的形状大小而定，力求充分利用鹅舍面积来安排孵巢；还必须便于打扫、清洗和消毒，方便日常操作。

其他设备和用具

除上述介绍的养鹅设备及用具外，还应有其他孵化设备（包括传统孵化设备和机械孵化设备）、填饲机具（包括手动填饲机和电动填饲机）、饲料加工机械以及屠宰加工设备等。

鹅的饲养管理是养鹅业的主要环节，也是获得高产、稳产、优质、低耗、高效益的重要技术手段。特别是鹅业产业化管理，必须掌握鹅的各阶段饲养管理特点，方可事半功倍，以确保育种与生产任务的完成，获得较高的经济效益与社会效益。

第三章
鹅的营养与饲料

鹅同其他禽类一样，都具有体温高，代谢旺盛，呼吸频率与心跳快，性成熟与体成熟早，单位体重产品率高的生理特性，而且鹅具有草食、耐粗饲的消化特点。生产实践中必须了解和掌握鹅的营养需要与常用饲料原料的特点及营养成分，根据各种鹅群营养需要与本场实际情况制定科学合理的日粮配方，以提高生产水平，降低饲料成本，增加经济效益。

第一节 鹅的营养需求

能 量

能量是动物一切生理活动的物质基础，鹅的呼吸、循环、消化、吸收、排泄、体温调控、运动、生长发育和生产产品都需要能量，采食日粮的一个主要目的就是获取能量，碳水化合物、脂肪和蛋白质是鹅维持生命和生产产品所需能量的主要来源。

1. 能量的单位

能量单位过去均以卡（cal）、千卡（Kcal）、兆卡（Mcal）计算，现统一以焦（J）、千焦（kJ）、兆焦（MJ）为能量计算单位。饲料中碳水化合物能值为 17.5 兆焦/千克（或 4.184 兆卡/克）；脂肪能值为 39.36 兆焦/千克（或 9.4 兆卡/千克）；蛋白质能值为 23.45 兆焦/千克（或 5.6 兆焦/千克）。

家禽的营养和饲料配合中主要以代谢能（ME）表示。代谢能是指饲料中总能量减去粪尿中能量，或称生理有用能，或称生理燃烧值。如玉米含代谢能 14.07 兆焦/千克，豆粕含代谢能 10.13 兆焦/千克，鱼粉含代谢能 12.14 兆焦/千克。

2. 能量的来源

碳水化合物是能量的主要来源。这类化合物主要有淀粉、单糖、双糖和纤维素。

脂肪也是能量的来源之一，脂肪在体内代谢产生的能量是碳水化合物的 2.25 倍。脂肪还是脂溶性维生素的溶剂，是日粮中必须考虑的成分。

粗纤维对于鹅来说，也是能量的重要来源。鹅能在腺胃提供的酸性环境（pH 值 = 3.04）及肠液提供的弱碱性（pH 值 = 7.39 ~ 7.53），环境的化学作用下，与盲肠、大肠中的纤维分解菌三者协同作用，使牧草纤维素得以消化分解。

蛋白质也可以转化为能量，但其能量的利用效率不及脂肪和碳水化合物，本身价格也较高，因此，以蛋白质为能源很不经济，而且还会加重肝、肾的负担，从而会带来一系列代谢疾病。

值得注意的是，能量饲料过多会在种鹅体内沉积过多脂肪，既是一种浪费，而且还影响产蛋。如作为烤鹅或肥肝鹅生产，则应配制能量饲料为主的填肥饲粮。

3. 影响能量需要的因素

影响能量需要的因素很多，如温度影响，低温比高温所需能量

就高。再如鹅的品种类型、性别、生长发育及生理状况不同，其对能量的需求也有很大差异，公鹅维持能量需要就比母鹅高，产蛋母鹅的能量需要也高于休产鹅，产蛋鹅的能量需要一般前期高于后期，育成鹅和种鹅的能量需要也低于生长前期，对于肉用仔鹅其能量一般都维持在较高水平。由于需要能量水平不同，鹅的采食量会随之变化，从而影响到蛋白质及其他营养物质的摄取量，因此必须考虑到能量与蛋白质或氨基酸的比例，即能量—蛋白比。

蛋 白 质

蛋白质是生命活动的物质基础，是构成细胞原生质、各种酶类和某些抗体、激素的基本成分。蛋白质也是构成整个鹅体和鹅的产品——鹅肉、鹅蛋、鹅羽毛等的主要成分。众所周知，蛋白质是由氨基酸通过肽键结合而成的，是具有一定结构和功能的复杂的有机化合物。蛋白质进入鹅的胃、肠，经过消化，各种酶又将其分解成氨基酸之后才能被吸收。

蛋白质的结构非常复杂，由20多种氨基酸排列组合而成。氨基酸又可分为必需氨基酸与非必需氨基酸两大类。

1. 必需氨基酸

必需氨基酸是指动物自身不能合成，或虽能合成但不能满足动物机体的需要，必须从饲料中取得的氨基酸。主要有赖氨酸、蛋氨酸、色氨酸、苏氨酸、异亮氨酸、缬氨酸、苯丙氨酸、组氨酸、精氨酸和亮氨酸等。其中尤以赖氨酸和蛋氨酸在饲料中特别缺乏。

动物对各种氨基酸的需要是不完全相同的，而且要有一定的比例，当其必需氨基酸达不到比例的要求量，其他含量高的氨基酸的利用也受到限制，因此，营养学上称其为限制性氨基酸。根据其限制的程度又可分为第一限制性氨基酸，第二、三限制性氨基酸。

2. 非必需氨基酸

非必需氨基酸是指动物体内可以合成或需要较少而不必从饲料中取得的氨基酸。

总之，在实际中配合日粮时，必须考虑到各种氨基酸的含量，使其平衡利用，否则将造成浪费。

矿 物 质

矿物质又称无机物或灰分。矿物质是构成动物的骨骼和蛋壳的主要成分，并具有调节机体的渗透压、酸碱度、氧的运输、酶的激活、维持正常体温、能量代谢、消化液的分泌等功能。它是动物进行代谢活动时不可缺少的物质。

1. 常量元素

通常把在体内含量高于0.01%的称为常量元素，包括钙、磷、钾、钠、氯、硫、镁等。

2. 微量元素

通常把在体内含量低于0.01%的称为微量元素，包括铁、铜、锌、锰、碘、硒、钴等。各种矿物元素的功能与缺乏症如下：

（1）钙　钙是骨骼和蛋壳的主要成分。它可促进血液凝固，与钠、钾一起对保持体内酸碱平衡和维持正常的心脏机能有重要作用，钙还有调节神经和肌肉的功能。雏鹅缺钙易患软骨病；种鹅缺钙，

蛋壳变薄，产蛋量减少，产软壳蛋。但钙过多也会影响雏鹅生长对锰、锌的吸收。鹅日粮中钙的需要量：雏鹅为1.0%，种鹅为3.2%~3.5%。钙在一般谷物、糠麸中含量很少，要注意补充。

（2）磷 磷能促进骨骼形成，在碳水化合物和脂肪代谢中起重要作用，并参与细胞重要成分的组成和维持机体酸碱平衡。鹅缺磷时，食欲减退、生长缓慢，严重时关节硬化。一般日粮中总磷的需要量为0.7%~0.75%。谷物籽实、饼类，特别是糠麸中含磷较多，而豆科植物、青饲料和粗饲料中含钙多于磷。

钙和磷有密切关系，二者必须按适当比例才能被吸收利用。所以在满足钙、磷需要的同时，要注意钙、磷比例。一般雏鹅以1.2：1~1.5：1为宜，种鹅以4.5：1~5.5：1为宜。

（3）氯和钠 氯和钠通常以食盐的方式供给。具有维持鹅机体内的水分代谢和渗透压平衡、刺激食欲、提高饲料适口性等作用。食盐不足则鹅消化不良，食欲减退，生长缓慢，容易出现啄癖；种鹅体重、蛋重减轻，产蛋率下降。日粮中补充食盐时，要考虑鱼粉和贝壳粉的含盐量。含盐量过多易引起食盐中毒。食盐以不超过日粮的0.5%为宜。

（4）锰 锰是鹅生长、繁殖和防止脱腱症所必需的微量元素。日粮中缺锰，会引起腿骨粗短，跗关节肿大，易产生脱腱症，从而导致种鹅体重减轻，蛋壳变薄，孵化率降低。米糠、豆类、胚芽中含有锰，但鹅日粮中都需要额外添加锰。

（5）铁 铁参与血红蛋白形成，是各种氧化酶的组成物质，与血液中氧的运输和血红细胞生物氧过程有关。铁缺乏时，发生营养性贫血；铁过量时，鹅采食量减少，体重下降，干扰磷的吸收。铁主要来源于谷实类、豆类、鱼粉、含铁化合物。

（6）铜 铜是酶的组成成分，参与多种酶的活动，它能促进铁的吸收和血红蛋白的形成。铜缺乏时，会引起贫血，骨质疏松和生长不良；铜过量时，发育不良，易出现溶血症。铜主要来源于铜化合物，一般饲料中含量不多。

（7）锌 有助于锰、铜的吸收，参与酶系统的作用，与骨骼、羽毛的生长发育有关。锌缺乏时，雏鹅采食量减少，生长迟缓，羽毛生长不良等；锌过量时，种鹅蛋壳变薄，甚至产软壳蛋。锌主要来源于锌化合物、动物性饲料、饼粕及糠麸。

（8）碘 碘是酶的活性元素，能维持甲状腺的功能正常。缺碘时，甲状腺肿大，体重下降，胚胎后期死亡。碘主要来源于海产品和含碘化合物。

（9）硒 硒与维生素 E 互相协调，是谷胱甘肽过氧化酶的组成成分，也是蛋氨酸转化为半胱氨酸所必需的元素，并有防治肌肉萎缩与渗出性素质以及提高种蛋的受精率和孵化率等作用。

（10）钴 钴是维生素 B_1 的重要原料。日粮中缺乏钴时，不仅会影响体内肠道微生物对 B_1 的合成，而且会引起鹅生长迟缓和恶性贫血，易发生骨短粗症。

维 生 素

维生素是动物的重要营养物质。由于化学结构不同，对动物的生理作用、营养作用各不相同。维生素主要是控制和调节动物的代谢，其用量很少，但作用很大。

维生素含在天然饲料中，但存量甚少，另外含在人工合成的各种维生素内。在饲料中缺乏时或者吸收不良时，将对动物的生长发育、繁殖、产蛋产生很大的影响。

鹅的饲料中需要十多种维生素，缺乏时会导致各种维生素缺

乏症。

1. 维生素的分类

维生素按营养学分为脂溶性和水溶性两类。脂溶性维生素有维生素 A、维生素 D、维生素 E（生育酚）和维生素 K；水溶性维生素有维生素 B_1（硫胺素硫氨素）、维生素 B_2（核黄素）、泛酸（维生素 B_3）、维生素 B_6（吡哆醇）、维生素 E_1、烟酸（维生素 B_5、维生素 PP）、生物素（维生素 H）、胆碱、叶酸、维生素 C（抗坏血酸）等。

2. 维生素单位

多数维生素的计量单位为每千克中含有毫克或微克表示，有的则以国际单位（1U）或雏鸡国际单位（CIU）表示。

3. 影响维生素需要量的因素

（1）不同生理特点、生产水平，对维生素的需要量不同　一般产蛋母鹅高于休产母鹅，凡生长速度快，生产性能高的鹅需要量也多。

（2）饲养方式不同，需要量也不同　放牧的鹅不宜发生维生素缺乏症，而圈养、笼养等集约化方式会增加鹅对维生素的需要量。

（3）应激、疫病及恶劣的环境条件会增大对维生素的需求　应激、疫病与恶劣的环境条件下，机体需要消耗更多的维生素以满足其生理需求，以适应环境不良影响。疫病还会影响机体对维生素的吸收和利用。

（4）饲料中存在的维生素拮抗物对维生素需要量的影响　如硫胺素酶会破坏硫胺素；抗生素蛋白会结合生物素；双香豆素会竞争、

抑制维生素 K 的活性等。另一些饲料中的维生素如烟酸常处于结合状态，鹅很难利用。

（5）饲料加工、贮存对维生素需要量的影响　由于维生素大多稳定性差，如遇酸、碱、光、热、氧化还原剂、重金属盐等均会影响到维生素的稳定性，从而加大维生素的需要量。

（6）抗菌药物的影响　长期使用抗菌药物，鹅自身合成的维生素量减少，增加了对日粮维生素的需要量。

（7）日粮营养浓度对维生素需要量的影响　能量水平过高，会增加对维生素 B_1、维生素 B_2 的需要量；蛋白质水平过高，会增对加维生素 B_2、维生素 B_6、维生素 B_{12} 的需要量；脂肪水平过高，则应增加对维生素 E、胆碱等的需要量。

（8）机体的健康状况　消化道疾病，肝、肾功能不好，都会影响维生素的吸收与利用。

水

（1）水的重要性　动物体内含水量为 50%～70%，肉和蛋中含水量为 60%～70%，胚胎含水量为 90% 左右。

水是重要的一种非营养要素，分布于多种组织、器官及体液中。不同的生长阶段机体含水量也不同，雏鹅体内含水分约 70%，成年鹅体内含水分 50%。水在养分的消化吸收与转运、代谢产物的排泄、电解质代谢与体温调节上均起着不可代替的作用。鹅为水禽，决不可断水，当体内损失 1%～2% 水分时，会引起食欲减退；损失 10% 水分会导致代谢紊乱；损失 20% 则发生死亡的现象。

（2）影响水需要量的因素　鹅的需水量受环境温度、年龄、体重、采食量、饲料成分和饲养方式等影响。一般气温越高，需水量

越多。采食的干物质越多，需水量也越多。饲料中蛋白质、矿物质、粗纤维含量多，需水量相应增加。而采食青绿多汁饲料较多，则饮水减少。凡生长快、产蛋多的鹅需水量也较多，反之则少。

（3）水的来源 鹅得到水有三个来源。一是从饲料中来，青饲料含水80%~90%，干粉料中也含有10%~15%的水分；二是鹅体本身在糖、脂肪、蛋白质的分解中产生的代谢水；三是供给的饮水（含放水时喝的水），这部分占水总量的80%，是鹅的主要水源。要求水源洁净，无污染。鹅场用水必须保证供应充足，安全卫生。

第二节 优质鹅饲料的分类和栽培 》》

鹅的饲料按来源可分为谷实、糠麸、槽渣、豆类子实、饼粕、青绿饲料、草粉、叶粉、块根块茎和瓜果等植物性饲料，以及动物性饲料、矿物质饲料、维生素、微量元素和其他。如按营养特性分类，则可分为能量饲料、蛋白质饲料、矿物质饲料、维生素饲料、饲料添加剂，特别是鹅常用的青绿多汁饲料，应给予足够的重视。

能量饲料

按饲料分类标准，凡饲料干物质中粗纤维含量小于或等于18%、粗蛋白质小于20%的均属能量饲料。在配合饲料中能量饲料所占比例通常在60%左右，一般以谷实类和油脂类为代表。

1. 谷实类

（1）玉米　玉米为公认的饲料之王，是主要的能量饲料。玉米含能量较高（代谢能为13.50～14.07兆焦/千克），含纤维素少，消化率高，适口性好。玉米的蛋白质含量差异较大为8%～11%，其必需氨基酸组成不平衡且缺乏赖氨酸、色氨酸和蛋氨酸。含脂肪量约4%。黄玉米中含有胡萝卜素和叶黄素，对保持蛋黄、皮肤和脚部的黄色具有重要作用。玉米粉容易因孳生黄曲霉而质变，如需保存应以不粉碎为好。

（2）稻谷　为鹅常用饲料。每千克含代谢能10.7兆焦，含粗脂肪1.5%，含粗蛋白质8.3%，粗纤维含量较高（约8.5%）。

（3）小麦　含能量较高，代谢能约为12.5兆焦/千克，粗纤维少，含粗蛋白质在10%～13%，但苏氨酸、赖氨酸缺乏。

2. 糠麸类

（1）米糠　是碾米厂加工白米时产生的一种副产品，主要由胚芽、种皮、糊粉等组成。含蛋白质12%左右，稍低于小麦麸，所含代谢能约为玉米的一半。但其含脂肪量很高（13%～15%），故容易酸败变质，高温时不宜久贮。含磷多而钙少，维生素B族较丰富。也可饲喂脱脂米糠。由于米糠中粗纤维也多，影响消化率，同样应予控制使用。一般可占日粮的5%～15%，育成鹅为10%～20%。

（2）麦麸　又称麸皮。为加工面粉副产品。包括小麦麸与大麦麸。由麦粒的外皮和黏附于其上的少量胚胎乳组成。含维生素B族、锰、磷和蛋白质较高，适口性好。但因含粗纤维多，质地疏松，体积大，具有轻泻作用，故在鹅日粮中仍宜控制使用，一般产蛋期占日粮5%～15%，育成期为10%～25%。

3. 块根、块茎和瓜类

植物块茎切片、晒干、分碎后作为饲料。块根主要有甘薯、木薯、马铃薯、胡萝卜、饲用甜菜、芜菁甘蓝及南瓜等。这一类饲料含水量高，容积大，其干物质的能值近似谷实类，且粗纤维和蛋白质含量低。

根茎瓜类最大特点是水分含量高，可达 70% ~ 90%，无氮浸出物很高，含易消化的淀粉或糖分。

（1）木薯 又称树薯。为热带多年生灌木。我国南方地区种植较多。木薯分为苦味种和甜味种两大类。其块根富含淀粉，食用与饲用皆可。苦味木薯含较多氢氰酸，食用易中毒。木薯干物质中，90% 为无氮浸出物，代谢能约为 12 兆焦/千克，蛋白质含量低至 1.5% ~ 4.0%，且品质差。赖氨酸与色氨酸多，而蛋氨酸和胱氨酸缺乏。磷含量低，而钙、钾含量高。微量元素及维生素几乎为零。脂肪含量也低。木薯中的植酸会与钙锌结合而形成不溶性盐类，故应补充钙、锌的供应。

由于木薯含有生长抑制因子，大量使用（50%）会出现适口性差，生长减慢及死亡率增加现象。故家禽以使用 10% 以下为宜。

（2）胡萝卜 胡萝卜产量高，营养丰富，易栽培，耐贮存，是冬春季重要的多汁饲料，且有蔗糖和果糖故有甜味。富含胡萝卜素，还有大量钾盐、磷盐和铁盐等。

胡萝卜宜生喂，以免胡萝卜素、维生素 C 及维生素 E 遭到破坏。家禽可日喂 20 ~ 30 克，鹅应加大喂量。

（3）南瓜 又名倭瓜。为优质高产的饲料作物。南瓜营养丰富，耐贮藏和运输。中国南瓜富含淀粉，而饲用南瓜含果糖和葡萄糖较多。还含较多的胡萝卜素和核黄素，喂各种畜禽都很适宜。

4. 油脂类

油脂是油和脂的总称。在室温下呈液态的称为"油"，呈固态的称为"脂"。随着温度的变化，两者形态可以互变，但其本质未变。

（1）油脂的分类　油脂来自于动植物，是动物重要的营养物质之一，是配制高热能饲料不可缺少的原料，如鹅的育肥饲料。

天然油脂中，除了甘油三酯外，还含有少量的磷脂、固醇、色素、维生素、游离脂肪酸、脂肪醇、蜡、醛和酮等。

饲料用的油脂据产品来源可分为动物性油脂、植物性油脂、海产动物油脂、饲料级水解油脂和粉末油脂。

（2）油脂的营养特性　可概括为：油脂是高热能来源；油脂具有额外热能效应；油脂是必需脂肪酸的重要来源之一；油脂能促进色素和脂溶性维生素的吸收；油脂的热能消耗低，可减轻畜禽热应激。

（3）添加油脂目的　饲料中添加油脂，除本身具有的特性外，还具有：改善饲料适口性，提高采食量；防止产生尘埃；提高颗粒饲料的生产效率。

（4）油脂的贮存与添加方法　油脂受光、热、湿空气或微生物作用，会发生氧化和水解反应，产生刺激性的"哈喇味"或臭味，表明油脂已酸败变质。

①油脂贮存。要隔绝空气与湿气，降低温度并避免光照，以抑制其自身氧化反应。应将油脂保存于密闭和不透光的容器里，减少与铜等金属接触，必要时可加适量的抗氧化剂。

②油脂添加方式。近年多采用直接喷雾法，即先将油脂加热变成液态（60～80℃，冬季需加热至90℃），再直接喷到饲料中。配制颗粒饲料时，可先在原料中加入3%左右的油脂，制成颗粒后，剩

余的油脂根据需要，仍用喷雾法直接加入刚从颗粒机出来而且还较热的颗粒状饲料中。

蛋白质饲料

蛋白质饲料是指干物质中粗纤维含量在18%以下，粗蛋白质含量为20%以上的饲料。根据饲料学分类，蛋白质饲料可分为植物性蛋白质饲料、动物性蛋白质饲料、单细胞蛋白质饲料和合成氨基酸饲料四类。

1. 植物性蛋白质饲料

植物性蛋白质饲料包括豆类籽实、饼粕类和部分糟渣类饲料以及某些谷实的加工副产品等。

（1）豆类　包括黄豆、豌豆、蚕豆等。豆类在饲料工业中很少直接利用，且都是利用其副产品（饼粕、油渣）。但在农村，很多养殖户有时会直接利用。对黄豆须加热处理破坏抗胰蛋白酶。豌豆与蚕豆籽实中有害成分含量很低，可安全饲喂。但目前由于豆类饲料价格昂贵，应尽量减少直接利用。

（2）饼粕类　为富含脂肪的豆类籽实和油料籽实提油后的副产品。经压榨提油后的饼状副产品称油饼，包括大饼状和瓦片状饼；经浸提脱油后的碎片状或粗粉状副产品称油粕。饼、粕是我国主要的植物蛋白质饲料，使用极广泛，用量巨大，常见有以下几种油饼、油粕：

①大豆饼（粕）。是一种优质蛋白质饲料，含较高的赖氨酸，豆粕残留油少，能量比豆饼低但蛋白质含量高。生豆饼含胰蛋白酶抑制因子、血细胞凝集素、皂角素，前者有碍蛋白质的消化吸收，后

者是两种有毒害的物质。还有致甲状腺肿物质、抗维生素、赖氨酸、雌激素、胀气因子等抗营养物质，应喂熟豆饼。

豆粕虽可大量喂用，但最好搭配一些动物性蛋白质饲料，以补充某些氨基酸。也可添加适量的蛋氨酸，即可配制氨基酸平衡日粮，满足鹅的需要。

研究证明，影响大豆粕质量及饲用标准的主要是其热处理程度。目前评价的指标有水溶性氮指数、尿素酶活性、维生素 B_1 含量、抗胰蛋白酶活性、蛋白质溶解度等，其中较常用的指标为前两种。

②花生仁粕（饼）。花生仁饼粕的原料为花生。我国主要产区在山东省。花生的成分与大豆近似。花生品种较多，且随脱油方法、脱壳程度的不同，饼粕中成分含量及营养价值各异。机炸花生仁饼含粗蛋白质44%左右，浸提粕47%左右。蛋白质中球蛋白（不溶于水蛋白质）占63%，白蛋白（可溶水蛋白质）占7%左右，与大豆饼的性状有所不同。但花生仁饼粕的氨基酸组成不佳，其赖氨酸含量（1.35%）和蛋氨酸含量（0.39%）都很低，但其精氨酸含量特高可达5.2%，是所有动、植物饲料中的最高者。花生粕（饼）如生长黄曲霉产生的黄曲霉毒素，则毒害作用很大。

③菜籽粕（饼）。为油菜籽榨油后得到的副产品。全国产量高，为一种良好的植物性蛋白质饲料，但由于其含有硫葡萄糖苷，在芥子酶的作用下，可分解为异硫氰酸盐和唑烷硫酮等有害物质，严重影响菜籽饼（粕）的适口性，导致甲状腺肿大，激素分泌减少，使动物生长速度和繁殖率降低。在生产中应严格控制喂量（占日粮的5%~8%），并与棉仁粕配合使用，经脱毒后方可增加饲喂量。

④棉仁饼。棉仁饼是棉籽脱壳榨油后的副产品。一般蛋白质含量为33%~40%，最高可达50%。因其赖氨酸含量低，适口性差，且含有棉酚毒素会影响蛋白质吸收、降低产蛋量、受精率和孵化率。

应严格控制饲喂量，日粮中不应超过3%～5%。粉碎后加入0.5%硫酸亚铁，可使棉酚与铁结合而去毒。

⑤植物蛋白粉。为制粉、酒精等加工业采用谷实、豆类、薯类提取淀粉得到蛋白质含量很高的副产品。可作饲料的有玉米蛋白粉、粉浆蛋白粉等。其粗蛋白质含量因工艺条件不同而差异很大，可从25%～60%不等。其氨基酸组合不佳，蛋氨酸含量虽高，但赖氨酸和色氨酸含量严重不足。但玉米蛋白粉含丰富的黄色素，含量为玉米的15～20倍，可使机体的肤色和蛋黄颜色加深。

2. 动物性蛋白质饲料

这类饲料主要是水产品、肉类、乳和蛋白加工的副产品，还有屠宰场和皮革厂的废弃物及丝织厂的蚕蛹等，其共同特点为蛋白质含量高、氨基酸组合好、矿物质丰富、维生素 B 族丰富、（尤以 B_1 为甚）不含纤维素、易消化吸收。由于种类多，其营养成分因原料、加工、贮存等因素而异。

（1）鱼粉　为应用最广、效果最好的动物性蛋白质饲料。包括进口与国产鱼粉。进口鱼粉主要来自智利、秘鲁与日本。我国鱼粉工业起步较晚，多为小规模生产，产量不多，因生产工艺落后，质量欠稳定。近年已研制出低鱼粉日粮和无鱼粉日粮，鱼粉用植物性蛋白或其他动物性蛋白所取代。应该承认，迄今鱼粉仍为重要蛋白源。使用鱼粉时应注意以下事项：

①掺假问题。鱼粉中掺假现象严重，如掺尿素、红土、饼粕等。因此，有条件时应予以检测，进口鱼粉必须有规格保证，并标明鱼粉名称。谨防掺入尿素引起中毒。

②含盐问题。各国对鱼粉中含盐的允许量不尽相同，但以含量低为上品。我国鱼粉生产工艺落后，造成含盐量高而导致食盐中毒。

因此检测食盐含量应列为鱼粉质量标准之一。

③霉变问题。由于加工或贮存等条件不合格，鱼粉被污染或孳生致病细菌、霉菌及有害微生物，同样应予检测。

④酸败问题。当鱼粉脂肪含量偏高或贮存不当，所含不饱和脂肪酸极易氧化生成醛、酮、酸等物质，而导致发霉、腐败，故也应予以检测，确保品质。

（2）肉粉与肉骨粉　原料来源为屠宰场、肉品加工厂的下脚料，即将可食部分除去后的残骨、内脏、碎肉等经干燥粉碎而得到的产品。也有用非传染性疾病死亡的动物躯体制作，油脂厂的胴体残余或内脏制药后的肝脏渣、骨骼等制作肉骨粉。近年多采用干式加工法。由于原料不同，我国规定肉粉中含骨量超过10%则为肉骨粉。

使用肉粉、肉骨粉注意事项：国际上在家禽饲料中用其代替鱼粉引起了禽界关注。但肉粉、肉骨粉是品质变异相当大的蛋白源，饲养效果并不一定比鱼粉好。

（3）羽毛粉　是由各种家禽屠宰后的羽毛以及不适于作羽绒制品的原料制成。一般采用高压加热水解法、酸碱水解法、微生物发酵或酶处理法、膨化法制作羽毛粉。

羽毛粉含粗蛋白质达83%以上，但其蛋白质品质差。其氨基酸组成特点是甘氨酸、丝氨酸含量高，分别为6.3%和9.3%。异亮氨酸也很高达5.3%，此外胱氨酸也高达4%左右。而赖氨酸、色氨酸和蛋氨酸含量少。因此，使用量应予严格控制，日粮中一般不超过3%。在换羽期间，饲喂效果才较好。

动物性蛋白质还有血粉、蚕蛹、蝇蛆、蚯蚓等及其制品。

3. 细胞蛋白质饲料

单细胞生物产生的细胞蛋白质称为单细胞蛋白。由单细胞生物

个体组成的蛋白质含量较高的饲料称为单细胞蛋白饲料。这类饲料包括酵母、非病原菌、原生动物及藻类。而生产实践中应用最广泛的是饲料酵母。将酵母繁殖在适当的工农业副产品上而制成的一种饲料，称为饲料酵母。

饲料酵母的蛋白质生物学价值介于植物性蛋白质和动物性蛋白质之间。其氨基酸组成特点是赖氨酸、色氨酸、苏氨酸、异亮氨酸等几种重要的必需氨基酸含量均较高，精氨酸含量低，适合与饼粕类饲料配合。但蛋氨酸、胱氨酸含量低，故使用时注意添加蛋氨酸，此外，B 族维生素含量丰富，烟酸、胆碱、核黄素、泛酸和叶酸的含量均高。但维生素 A 和维生素 B_1 含量不高，钙少，磷、钾高。此外，还含有未知生长因子，与复合氨基酸配合，可部分或全部代替鱼粉饲喂，也可与鱼粉并用。

矿物质饲料

矿物质饲料是补充动物矿物质需要的饲料。它包括天然单一的和多种混合的矿物质饲料，以及某些微量或常量元素的补充料。

1. 常量元素矿物质饲料

（1）钙源饲料

①石粉。由天然石灰石粉碎而成，主要成分为碳酸钙，白色或灰色，无味，不吸湿。钙含量为 35%～38%。价格低廉，但禽类吸收率较低。石粉中的铅、汞、砷、氟的含量不超标，均可食用。石粉的用量禽类控制在 2%～7%。过高易影响有机养分的消化率，使泌尿系统发生炎症与结石。最好与骨粉按 1：1 的比例配合使用。

②贝壳粉。贝壳粉为各种贝类外壳（如蚌壳、螺筛壳、蛤蜊壳

等）经加工粉碎而成的粉状或粒状产品。约含有 94% 的碳酸钙（38% 的钙）呈白色粉状或片状。禽类对贝壳粉的吸收率尚可，特别是下午喂颗粒状贝壳，有助于形成良好的蛋壳。

③蛋壳粉。蛋壳粉为禽蛋加工厂的副产品，经清洗、干燥灭菌、粉碎过筛即成。含有碳酸钙约 94%（34% 钙）外，还含有 7% 粗蛋白质，0.09% 的磷。为理想钙源，利用率较高。

④石膏。石膏为二水硫酸钙，有天然石膏粉碎后的产品，也有化学工业产品。石膏含钙量约 22%，含硫 16%～17%，又为硫的良好来源，生物利用率高。有预防啄羽、啄肛的作用。日粮中一般占 1%～2%。

（2）磷源饲料

①骨粉。以家畜的骨骼为原料，经蒸汽高压蒸煮、脱脂、脱胶后干燥、粉碎过筛制成。一般为黄褐色或灰褐色。其基本成分为磷酸钙，含钙量约 26%，磷约 13%，钙磷比为 2∶1，是钙、磷较平衡的矿物质饲料。还含蛋白质约 12%。其品质因骨源与加工方法不同而差异较大，如经 5332 帕压力处理脱胶，骨髓和脂肪基本去除，则无异味，并呈白色粉末。骨源当以猪头骨最佳。生骨粉易酸败变质，并有传播疾病的危险。

②磷酸钙盐。由磷矿石制成或由化工生产的产品。常用的有磷酸二钙（磷酸氢钙），还有磷酸一钙（磷酸二氢钙）。它们的溶解性要高于磷酸三钙，动物对其中的钙、磷的吸收利用率也较高。磷酸钙盐中的氟不宜超过 0.2%，以免引起禽类中毒，甚至大批死亡。

（3）食盐　其化学成分为氯化钠，其中含钠 39%，氯 60%，另有少量钙、镁、硫等。食盐具有促进食欲，保持细胞正常渗透压，维持健康的作用。但禽类对食盐的耐受量较低，一般在日粮中含量为 0.25%～0.5%。当食盐含量偏高或混合不匀时，就有可能引起食盐中毒。具体喂量视饲粮组成中的含盐量、日龄、生产需要而定。

（4）含硫饲料　硫的来源有蛋氨酸、胱氨酸、硫酸钠、硫酸钾、硫酸钙、硫酸镁等。对雏禽而言，硫酸钙利用率较低，硫酸盐不能作为成禽硫源，而需以有机态硫如含硫氨基酸补给。

（5）含镁饲料　饲料中含镁丰富，一般不必添加。饲料工业中常选用氧化镁、硫酸镁、磷酸镁等。

2. 微量元素矿物质饲料

（1）含铁饲料　最常用的是硫酸亚铁、氯化铁、氯化亚铁、DL-苏氨酸铁等。硫酸亚铁有七水硫酸亚铁和一水硫酸亚铁。

硫酸亚铁具有较高的生物学效价，并且价格便宜，为当前饲料工业使用的主要铁源。七水硫酸亚铁因易吸湿潮解，不易粉碎，久贮会结块，与其他矿物质混合制成预混料也可结块，故先烘干成一水硫酸亚铁，再行粉碎备用。

（2）含铜饲料　常用的是硫酸铜，此外还有碳酸铜、氯化铜、氧化铜等。硫酸铜具有较高的生物学效价，用于饲料还具有类似抗生素的作用。但使用量过高易导致中毒，以一个结晶水硫酸铜为好。硫酸铜长期贮存会结块，且促进不稳定脂肪的氧化而酸败，而且破坏维生素，配料时应予以重视。

（3）含锰饲料　常采用硫酸锰、碳酸锰、氧化锰、氯化锰及氨基酸螯合锰等，最常用的是硫酸锰，其含锰量达27%以上，生物学效价高。氧化锰纯度不一，含锰量为55%～75%。一般饲料级的含锰量多在60%以下。氧化锰因市场价格便宜，尽管其生物学效价不如硫酸锰，但使用量大。

（4）含锌饲料　常用的有硫酸锌、氧化锌、碳酸锌、葡萄糖酸锌、蛋氨酸锌等。目前多用前三种，氧化锌含锌量为70%～80%，比硫酸锌的含锌量约高一倍以上，且价格低廉，但生物学效价较低，因此禽业最常用的还是硫酸锌。

（5）含硒饲料 常用硒酸钠和亚硒酸钠作为硒源，尤以亚硒酸钠生物学效价高。由于硒是有毒物质，其添加量应严格控制，一般添加量多在0.1毫克千克，缺硒地区可适当增加。亚硒酸钠混合后须标明含量、说明注意事项。配料时要特别注意其用量及混合均匀度，如饲料中超过3~5毫克千克就可能中毒。

（6）含碘饲料 比较安全且常用的含碘化合物有碘化钾、碘化钠、碘酸钠、碘酸钾和碘酸钙。我国使用碘化钾较多。但其稳定性差，故应按预混料和配合饲料使用周期长短，适当增加用量（一般为需要量的1.5倍）。

（7）含钴饲料 常用的钴原料有硫酸钴、碳酸钴和氧化钴等。多用的是一水硫酸钴，含钴33%，且生物学效价高。此外，氯化钴也多用，含钴45%，为红色或紫红色结晶，水溶性高，易吸潮结块，贮存期应干燥。添加钴时需用稀释剂按一定比例稀释。

维生素饲料

国际饲料分类把维生素饲料划分为第七大类，指由工业合成或提纯的维生素制剂，不包括天然的青绿饲料。习惯上称为维生素添加剂，在国外已列入饲料添加剂的维生素约有15种。鹅由于饲喂青绿饲料，应根据饲养方式与喂量，酌情添加维生素添加剂。

目前生产中使用的富含维生素的青绿饲料、青干草粉等虽不属于维生素饲料，但它们是鹅的维生素重要来源。当然舍饲的鹅群，在配合饲料中仍需酌情添加维生素饲料。

养鹅中应重视和推广草粉、叶粉饲料，它们是维生素的重要来

源，其含有丰富的维生素 D、胡萝卜素、B 族维生素及叶黄素等，含粗蛋白质达 14%～22%，人工快速干燥制成的优质草粉、叶粉应呈绿色，并有清香味。

目前市售的一些维生素与氨基酸和盐类的复合添加剂，都有很好的水溶性，大多作为抗生素添加剂使用。复合维生素添加剂应存放在阴凉干燥处，密封、避光保存。在应激情况下剂量应增加。

几种饲料添加剂的种类及作用

饲料添加剂是指配合饲料的添加成分。它可提高日粮的全价性与饲料转化率，促进动物生长和疾病预防，提高饲料贮存质量和改进动物产品品质。

饲料添加剂包括非营养和营养性添加剂。营养性饲料添加剂已按相应性质列入上述的蛋白质饲料（氨基酸）、矿物质饲料（微量元素添加物）、维生素饲料（单一或复合维生素制剂）。

1. 抗菌驱虫促生长添加剂

均为非营养性添加剂。其作用能抑制微生物的生长、繁殖，增进禽体健康和刺激消化道吸收能力。

（1）抗生素添加剂

①杆菌肽锌预混剂由杆菌肽锌与载体物质（豆粉、淀粉、细麸皮等）混合而成，用于抗菌（抗革兰阳性菌）、促生长。对提高家禽生产水平、抗热应激均有良效。口服较难吸收（防治消化道感染效果好），在禽产品中很少残留。在养禽业中被广泛应用。

②硫酸黏杆菌素预混剂为白色粉末，易溶于水。对革兰阴性菌如大肠杆菌、沙门氏菌等抑制作用强。用于促生长和防治肠道感染。

口服难吸收。

③万能霉素为杆菌肽锌与硫酸粘黏杆菌素的复合制剂，对革兰阳性菌和阴性菌均有良好的抗菌作用。

④恩拉霉素预混剂对革兰阳性菌尤其对肠道内梭状芽孢杆菌作用强，产蛋禽不宜用。此外，还有弗吉尼亚霉素、黄霉素等。产蛋禽禁用的弗吉尼亚霉素、土霉素钙、金霉素钙等。

（2）合成抗菌抗菌药物

①喹乙醇预混剂又称快育灵，对革兰阴性菌和部分阳性菌（如葡萄球菌、链球菌等）抗菌作用强。呈淡黄色粉末、味苦、微溶于水。一般饲料中用量均为30毫克每千克，用量过大易导致中毒。主要用于促生长，产蛋禽禁用。

②对氨基苯砷酸为有机砷化合物。用于抗菌、促生长、提高产蛋率。谨防中毒。

③硝呋烯腙可促进营养物质消化吸收、促进鹅的生长，防治禽霍乱、白痢、球虫等现象。

应遵照国家有关的药物法规，对于有残留的药物应不用或屠宰前停药一个阶段。

（3）驱虫保健剂

①莫能霉素为一种广谱抗球虫药，对革兰阳性菌也有较高的抗菌药性。

②拉沙霉素为广谱高效抗球虫药。能明显改善禽群生长速度和饲料转化率。

③盐霉素为广谱高效抗球虫药。对多数革兰阳性菌、霉菌也有良效，但安全范围较窄，对雏鸭、火鸡毒性较大。

④氨丙啉抗球虫范围小，宜与其他药物合用，毒性较小。

⑤马杜霉素抗球虫活性高，广谱，具促生长作用。

⑥二硝苯甲酰胺又名球痢灵。广谱抗球虫药,不易产生耐药性,毒性较小。

上述药物均不宜用于产蛋禽。

2. 酶制剂

目前已广泛使用于养禽业,可以提高禽类对各种饲料成分的消化率。生产中使用的有蛋白酶、淀粉酶、脂肪酶、纤维素酶、p-葡聚糖酶、木聚糖酶、乙型甘露聚糖酶、植酸酶以及复合酶制剂等。市售的有和美酵素、溢多利酶、爱维生等。对鹅业而言,纤维素酶制剂能更有效地利用青绿饲料,颇值得关注。

3. 饲料保藏添加剂

(1) 抗氧化剂

①二丁基羟基甲苯在饲料工业中广泛应用,一般饲料用量为60~120毫克。

②乙氧基喹啉(EMQ)用于保护蛋白质、脂肪、维生素等免受氧化破坏。

③丁羟基茴香醚(BHA)主要用于保护脂肪,并可抑制饲料中霉菌生长。

④乙氧喹。饲料中添加150毫克。

此外,还有天然抗氧化剂如维生素E、维生素C、没食子酸-异戊酯等。

(2) 防霉剂 主要有丙酸(盐)、甲酸钙、富马酸、柠檬酸等。

市售的如露保细盐为丙酸钠或丙酸钙,霉敌又称万宝香,由多种有机酸混合而成。

4. 香味添加剂

市售的禽用化十香味素（DFFF）是一种流动性粉末，有鲜艳的荧光色泽和天然的芳香味。香味剂可掩盖饲料中的不良气味，改善适口性，增加禽的采食量；刺激禽的胃液分泌，提高营养成分的消化吸收率；增强禽抗热应激和抵御疾病的能力，降低死亡率；提高育雏率与产蛋率；缩短肉禽饲养期，提高饲料转化率，增加经济效益。每吨禽料可添加 250～500 克，须搅拌均匀。使用时需先作 10 倍稀释后再直接添加。

市售的化十腥味素（鱼粉香增强剂）可调整鱼粉香浓度，含 1% 鱼粉的饲料，添加本品 1.5～2.0 千克/吨，可显示出相当于含 5% 鱼粉饲料浓郁腥香。

5. 未明生长因子（UGF）饲料补充剂

市售的"喂大快"（美国产）是含有未明生长因子浓度最高的鱼胶饲料（从海产类提炼）。国内外生产实践证明，其安全有效且经济实惠，在提高畜禽、鱼虾的繁殖力、生长速度及产蛋产肉水平，降低饲养成本，增强机体抗病力等方面都有明显功效。此外，还可改善传统饲料配方，能以十分之一就可部分或全部代替鱼粉，从而提高了市售竞争力。据测定，"喂大快"含粗蛋白质 48.2%，脂肪 3.9%，粗纤维 3.7%，灰分 12%，水分 8%，钙 0.207%，磷 0.736%，代谢能 11.97 兆焦/千克（2861.2 千卡/千克）。

6. 其他添加剂

①益生素类添加剂为活菌制剂，也称生菌剂，可以保持禽类肠道内微生态的平衡，提高禽类的健康水平。

②着色剂用于加深蛋黄、皮肤的黄色以提高产品的外观品质。

③流散剂用于防止饲料中某些原料吸湿、结块现象的出现。

④光合菌制剂用于补充营养，提高禽类生产水平。

⑤重分配剂（p-肾上腺素能兴奋剂）用于提高瘦肉率、产蛋量和饲料转化率。

⑥非常规饲料添加剂，如沸石（添加量 2%～5%），麦饭石（添加量 1.5%～5%），泥炭（添加量 5%～10%）。

⑦黏结剂，用于颗粒饲料和饲料的制作，减少粉尘损失，提高颗粒料的坚实度，减少压模耗损。

⑧中草药添加剂，来源于天然的动植物或矿物质，可补充营养，促进生长、增强体质、提高抗病力，具有低毒性、无残留、副作用小，对人类医学用药不影响的优越性。

优质青绿多汁饲料及栽培技术

养鹅的牧草与青绿多汁饲料种类很多，除栽培的高产优质牧草和饲料作物外，天然草地生长的野草、野菜，河湖中生长的水草及萍藻类，林木的嫩枝叶，农作物及蔬菜类的副产物等，都是养鹅青绿饲料的重要来源。

我国农区田边隙地、河湖堤滩、丘陵荒地等天然草地全国共计近 0.15 亿公顷，草地资源十分丰富，优良而可利用的牧草种类很多。如禾本科的马唐、稗类、狗牙根、雀稗、狗尾草、看麦娘、千金子、剪股颖、一年生早熟禾、鹅观草、茵草等；豆科的苕子、野苜蓿、野金花菜、黄草、山玛蝗、野大豆等；莎草的苔草、羊胡子草等；菊科的刺儿菜、马兰、野苦荬菜、菊苣、山莴苣、田野苦苣菜、蒲公英等；以及藜科、蓼科、十字花科、苋科等科属中许多牧草如灰绿藜、荠菜、诸葛菜、马齿苋等，都是鹅的优良的青饲牧草和放牧草。

我国树叶饲料资源也十分丰富，在禽类中常被青饲或晒制干草粉利用的有槐叶、紫穗槐叶、桑叶、榆树叶、木薯叶、枣叶、桃叶、松叶等。

其他水生饲料有绿萍、槐叶萍、水葫芦、水花生、眼子菜、面条草、水芹菜等。农作物及蔬菜的副产物，应根据各地情况充分利用，主要有甘薯藤、玉米苗、包菜外皮、莴苣叶、南瓜藤叶等。

1. 牧草及饲料作物的主要栽培模式

根据各地的农业耕作制度、土地类型和自然气候及环境条件，可采取下列各种种植模式。

（1）旱地轮作地区　可将棉麦轮作中的棉花或麦类改种为饲料作物和牧草，成为饲料—麦，草—麦或饲料牧草—棉花的复种模式。代替棉花的春播牧草有苦荬菜、莴苣、籽粒苋等。代替麦类复种秋季播种的饲料牧草有多花黑麦草、冬牧黑麦、紫云英、苕子、箭舌豌豆等。

（2）水旱轮作地区　可将稻—麦复种的形式，改为稻—草的形式。选择适宜秋播的寒地形，越年生牧草用或牧草绿肥兼用的品种。我国各地水稻地区常选用的当家品种有多花黑麦草、紫云英、冬牧70黑麦、金花菜、箭舌豌豆、苕子等。专用饲料地可采取饲料作物和牧草轮作的方式，变稻—麦为饲—草，草—饲或草—草的复种模式。如春播饲用玉米、杂交狼尾草、苦荬菜、籽粒苋、菊苣、鲁梅克斯等。秋播种多花黑麦草、冬牧70黑麦、饲用包菜、胡萝卜、甘蓝等。

（3）低山丘陵地区　荒山草坡主要改良、更新草地，以提高牧草的产量和质量。宜选择耐旱、耐热、耐瘠的覆盖性好的多年生或一年生牧草品种。如北方宜选用紫花苜蓿、小冠花、箭舌豌豆、早熟禾、羊芳等。南方宜选用的牧草有白三叶、红三叶、马唐、狗尾草、多年生黑麦草等。可以采取豆科和禾本科牧草混种，建成多年生草地，供青刈、青饲或放牧利用。

（4）经济果林地区 在经济林、果地区，可利用幼林、茶、果、桑园等中的行间或空隙地种植豆科或绿肥牧草。我国北方土壤呈中性或偏碱性，可种植苜蓿、草木栖、苕子、小冠花早熟禾等牧草。南方土壤呈中性或偏酸性，可以种白三叶、红三叶、柱花草及鸭茅等。

（5）沿海滩涂及江河湖滩地区 沿海滩涂的潮上带，土壤偏碱性，可以种紫苜蓿、苕子、草木栖、黑麦草、高羊茅等。江河湖滩在枯水期，可以种植一年生或越年生的黑麦草、冬牧70黑麦以及叶菜类等作物。靠近堤岸而一般淹不到水的滩地，可以种紫苜蓿、白三叶、狗牙根等牧草。

2. 鹅的青绿多汁饲料四季供应

为了保证鹅的正常生长、发育和生产，需要不断地提供足量的饲草和饲料。在精饲料保证的前提下，使优质青绿多汁饲料长年得到均衡的供应，才能获得养鹅生产的高产、稳产、优质、高效，从而提高养鹅的经济效益。由于青绿多汁饲料生产的季节性，供草期相对较集中，而鹅需青饲料是长年不断的。虽然肉鹅生产有阶段性，所需青饲料量有不同，但在冬春和酷暑期往往缺青饲料，影响养鹅的生产。因此，必须根据各种牧草品种的生长特点和营养特性，进行适当的组合配置，合理的轮作套种，以达到余缺互补。我国农区人均耕地面积少，土地非常珍贵，但水热资源丰富，如果采取牧草杂粮饲料轮间套种，那么实现四季均衡供应青绿多汁饲料是完全可能的。

养鹅青饲料要达到四季都能均衡供应，首先在草种选择上，一年生与多年生牧草相结合，暖地型牧草和寒地型牧草相结合，牧草与叶菜根茎类饲料相结合，选用高产优质的草种；其次，在种植方式上单种与混种相结合，间种与套复种相结合，以发挥土地的最大利用率；再次，从青饲料来源上，应以栽培牧草与天然野地野草、树叶、水生饲料及农副产物利用等相结合。最后，从利用上应以青饲与青贮、放牧相结合。

专用青饲料生产地，应选用高产优质牧草及饲料作物，种植方式有：

（1）多年生牧草 如紫苜蓿、白三叶、菊苣、鲁梅克斯等，一次种植，多年利用。或紫苜蓿或白三叶与黑麦草、羊草混种。

（2）复种轮作 根据各地情况，可以一种春作牧草饲料和任何一种秋作牧草饲料复种，或一种秋作牧草饲料和任何一种春作牧草饲料复种。

养鹅四季可提供应利用的青绿多汁饲料：

1~3月为多花黑麦草、冬牧70黑麦、秋芭菜、小青菜、饲用芜菁、胡萝卜以及青贮料。

4~6月有各种寒地型牧草如多花黑麦草、冬牧70黑麦、草熟禾、紫苜蓿、金花菜、红三叶、白三叶、百脉根、紫云英、苕子、青刈麦类，叶菜类如苦荬菜、菊苣、籽粒苋、鲁梅克斯、牛皮菜等以及各种野青菜。这个季节供应青绿饲料的种类和数量都较多，应青贮保留部分，以供酷夏和寒冬青饲补缺利用。

7~9月有各种暖地型牧草、饲料作物和多年生牧草为主，如苦荬菜、籽粒苋、菊苣、鲁梅克斯、紫苜蓿、白三叶、青刈甘薯藤、杂交狼尾草、坚尼草、墨西哥玉米、各种野青草。也可利用部分树叶、南瓜等。

10~12月可以利用紫苜蓿、白三叶、冬牧70黑麦、菊苣、鲁梅克斯、青菜、饲用芜菁、胡萝卜、甘薯藤以及青贮料。

3. 常用青、粗饲料的饲用价值及栽培技术

让鹅多采食青绿饲料、减少精料用量是降低养鹅成本的重要手段。虽然鹅可以利用天然野生青、粗饲料，但目前生态平衡失调，天然草场受到破坏，野生牧草的品质和数量都远远不能满足大规模养鹅业的需要，为提高牧草的产量和质量，必须人工种植优质高产的优良牧草。

（1）苦荬菜 别名鹅菜、良麻、苦麻菜、八月老。

①生物学特性。苦荬菜喜欢温暖湿润气候，既耐寒且抗热。苦荬菜生长快、产量高、再生性强，一年能收割多次，故对水肥条件要求很高。不耐旱、怕涝，久旱生长缓慢，根部淹水容易死亡。苦荬菜对土壤要求不严，各种土壤均可种植，但以排灌良好、有机质多而肥沃的土壤生长最好。喜肥水，只有施足底肥每次收割后追速

效氮肥，并供应充足水分才可获得高产。但在黏质重而排水不良、低洼易涝的土壤上则容易烂根死亡。

②栽培要点。苦荬菜由于种子小而轻，子叶小而薄，顶土力弱，要求土壤整平耙细，保好墒，这是保证苗壮、提高产量的基本措施。苦荬菜适合畦作，以便灌溉、追肥和管理。苦荬菜需肥量大。苦荬菜一般都采用直播，也可育苗移栽。直播时期，南方在2月20日至3月20日播种，产量最高。北方在4月上中旬，土壤刚化冻即可开始播种。育苗移栽时，当幼苗长至5～6片真叶时即可移栽，行距20～30厘米，株距10～15厘米。苦荬菜在直播时，多采用条播或穴播，有时也有撒播的。条播行距为25～30厘米。每亩播种量0.5千克左右，播后覆土2厘米。

③收割利用和饲用价值。苦荬菜株高40～60厘米时，即可进行第一次利用。南方春播的大约在5月上中旬开始收割，以后每隔20～25天再收割1次，收割时留茬高为3～6厘米，南方一年可收割5～6次；北方可收割3～5次。每次收割要及时，以保持苦荬菜处于生育的幼龄阶段，这时生长力旺盛，收割后伤口愈合快，再生力强，既增加了收割次数，又能提高产量与品质。

苦荬菜含丰富的粗蛋白质、粗脂肪，维生素和少量粗纤维。苦荬菜鲜嫩多汁，味稍苦，适口性好，能促进食欲，帮助消化，鹅非常喜食。主要是鲜喂。通常是切碎或打浆后拌糠麸喂鹅，采食率和消化率都很高。

（2）菊苣　别名咖啡萝卜、咖啡草。

①生物学特性。菊苣为多年生草本，莲座叶丛期，株高80厘米左右，基生叶羽状分裂，宽大。春播当年基本处于莲座叶丛期。次年枯株的根颈不断产生新芽，生根成苗立株。6月开花，7～8月种子成熟，生长期240天左右。

菊苣喜温暖湿润气候。15～30℃生长迅速。较耐寒，能越冬，夏季高温酷热但只要水肥充足，仍有较强的再生能力。对土壤要求不严，各种土壤都可种。生长过程中需水多，但忌田间积水。抗旱性强。耐盐碱，土壤 pH 值8.2、含盐量0.168%的土地生长良好。

②栽培要点。土壤要求疏松肥沃，深翻，耙平，每亩平方米施肥2000～2500千克做底肥。无论何时都可播种。播种量每亩0.2～0.5千克，条播为好，行距30厘米，播深2～3厘米。也可切根催芽育苗，然后移栽于大田，行株距30厘米×10厘米。种子播种出苗后经常浇水，追肥。要进行间苗，一般间二次苗。间苗后追肥，并及时除草。

③收获利用和饲用价值。菊苣生长快，再生性强。在生长期内，每隔25～30天可割一次，一年可割6～8次。每亩一年可产青饲料1万～1.5万千克，地下肉质根2000千克。菊苣茎叶营养价值高，干物质中含粗蛋白20%～23%，含必需氨基酸较全。茎叶柔软多汁，适口性好，青饲鹅及其他畜禽都爱吃。

（3）鲁梅克斯 鲁梅克斯又名杂交酸模。

①生物学特性。鲁梅克斯为蓼科多年生草本植物。茎直立，植株高大，直根系，叶宽大。喜温暖气候，最适宜生长温度为20～28℃，低于5℃时停止生长。幼苗期能耐-2℃的低温。对水分要求较高，亦有较强的抗旱能力，对土壤要求不严，盐渍土、风沙大、干旱的黄土高原土壤均可种植。较耐盐碱，pH 值8～10条件下也能正常生长。

②栽培要点。鲁梅克斯虽然对土壤要求不严，但要获高产，土壤应肥沃、土层深厚，土壤有机质含量要高，并应有灌溉条件。播种方法可用种子直播，也可育苗或分株移栽。

③收获利用和饲用价值。鲁梅克斯生产量高，年产鲜草1万千

克以上。再生快，第一次植株高 50 厘米时割，以后每隔 20～30 天可割一次。留茬 3 厘米，在良好栽培管理条件下，一次栽种可利用 10 年以上。茎叶营养丰富，粗蛋白含量达 23.9%，粗纤维为 6.9%。茎叶鲜嫩多汁，虽略带酸味，但适口性比较好，各类畜禽均喜采食，鹅类也喜食。

（4）籽粒苋　别名饲用苋菜，繁穗苋、千蕙谷、猪苋菜、洋觅菜、西粘谷。

①生物学特性。子粒苋喜温暖湿润气候，耐高温和干旱，种子在 5～8℃时缓慢发芽，10～12℃时发芽较快。夏季气温在 30℃以上时，生长迅速，平均日增高 3～4 厘米，籽粒苋耐寒力弱，幼苗遇 0℃低温即受冻害，受涝被淹则容易死亡。属短日照作物，但喜光性很强。生育期要求光照充足。在高度密植、田间通风透光不良的条件下会减弱光合作用，造成植株低矮而纤细，严重影响产量。对土壤要求比较严格，以排水良好的肥沃的沙质壤土为最好。土质越肥，产量越高。籽粒苋的再生性较好，现蕾期以前割。可以从割茬的腋芽长出新枝，在水肥充足的条件下，再生草产量较高，如割太迟，再生性较差，再生草产量较低。

②栽培要点。籽粒苋不耐连作，种子很小，顶土力很弱，播前必须仔细整地。播种期：在南方从 3 月下旬到 8 月可随时播种。北方春播的在 4 月中旬至 5 月中旬播种，夏播复种在 6～7 月播种，不得迟于 8 月。播种量每亩 0.3～0.4 千克。播种方法：通常为条播或撒播，条播行距 30～40 厘米。南方有的地方还采用育苗移栽方法。籽粒苋幼苗生长缓慢，易受杂草为害，因此要及时除草和间苗。

③收获利用和饲用价值。春播的籽粒苋，播后 40～50 天，当株高达 70～80 厘米现蕾前，即可进行第一次收割，留茬高以保留 4～5 片叶为好。第一次收割每亩可产 2000～2500 千克，在水肥条件充足

时，30天左右可再割，每茬可收青饲料1500~2000千克。一年可收割3~4次，最后一次为全株割。在南方每亩可收6000千克，在北方每亩可收5000千克左右。

籽粒苋是鹅、猪、鸡的优良青绿饲料，成年种鹅每日可喂1~2千克，切碎单喂或拌入糠麸中喂给。幼嫩的籽粒苋适口性更好，喂量可适当增加。

(5) 聚合草　别名饲用紫草、爱国草、紫草根。

①生物学特性。聚合草属紫草科聚合草属的多年生草本植物。丛生型，全株密布白色短刚毛。根部发达根茎粗大，能长出大量幼芽和簇叶。叶腋处有潜伏芽和分枝。茎再生力很强，也能产生新芽和新根，可育成新植株。叶特别发达，叶面粗糙，叶质肥厚，有刚毛。聚合草喜温暖湿润气候，耐寒性较强，根在土壤中能忍受零下40℃低温。温度在7~10℃开始发芽生长，22~28℃生长最快，低于7℃时生长缓慢，5℃时停止生长。聚合草茎叶繁茂，需水多，只有水分充足才能获得高产。由于根系发达，入土很深，因此有一定的抗旱力。

②栽培要点。聚合草因只开花而几乎不结种子，所以一般用营养体繁殖，主要是用切根繁殖。切根长度以3~4厘米为好。育苗时，将根段横放在开好的沟中，盖土2~3厘米。如果气温在18℃以上，埋30~40天可出苗。

③种植密度。在土壤肥沃、管理水平高的地方，行距60厘米，株距50厘米。在土壤较瘦，管理水平较低的地方，则可适当密植，用行距50厘米，株距40~50厘米。每次割后要进行中耕除草，使土壤疏松，保持湿润，改善土壤通气条件，以利再生。并结合中耕除草进行施速效肥。在干旱季节，每次收割和追肥后，都应浇水。

④收获利用和饲用价值。聚合草的饲用部分主要为叶，一年可

割 3～6 次，栽植后的第一年，在南方一般割 3～4 次，在东北只能收割 2～3 次。生长 2 年以后，南方一年可割 4～6 次，北方一年可割 3～5 次，每隔 35～40 天可割一次。收割时留茬 5～6 厘米，有利于再生。最后一次收割应在停止生长前 30 天，使之再生良好，保证安全越冬。产草量，第一年每亩产 5000～6000 千克，第二年以后每亩产 7500～10000 千克。聚合草含有丰富的粗蛋白质和各种维生素。与紫苜蓿相比，其干物质中粗蛋白质含量比紫苜蓿高，达到 25% 左右。其他营养成分相当于紫苜蓿。纤维含量则比紫苜蓿低得多，不到 10%。所以聚合草适于作猪、鹅、鸡的青饲料。聚合草由于其茎叶有小刚毛，直接饲喂，开始几天畜禽不吃，待习惯后就可正常采食。应切碎饲喂或打浆后与其他精料配合饲喂。

（6）甘蓝 别名包菜，卷心菜，结球甘蓝、包心菜。

①生物学特性。甘蓝性喜温和冷凉的气候，耐寒力较强，但不耐炎热，种子在 4～8℃ 就能发芽，幼苗在 5℃ 开始生长，生长的适宜温度为 25℃ 左右。在 20～25℃ 时，适宜外叶生长，进入结球时，以 15～20℃ 为适宜。

甘蓝要求在湿润气候条件下生长，不耐干旱，一般在 80%～

90%的空气湿度和70%～80%的土壤湿度下生长最好。

甘蓝要求肥沃的黏壤土或冲积土。生长前期要求氮肥较多，而以莲座期需要量为最多。在结球期则需要较多的钾和磷，土壤酸碱度以pH值为6～7适宜。甘蓝对有机质肥料反应良好，可以促进生长，提高产量。

②栽培要点。在长江流域，秋甘蓝多于7月播种，春甘蓝一般于10月上中旬播种，育苗管理比较容易。北方地区主要是春甘蓝，是4～6月份期育苗。苗床应选择通风凉爽，土壤肥沃，排水良好的地段，播种量每亩0.75～1千克，撒播后盖土1～2厘米，3～5天发芽出土，幼苗间苗后，保持8～10厘米的间距留良苗。育苗后的甘蓝，于播种后35～45天，幼苗具7～8片叶时进行定植。秋甘蓝在长江流域多于8月下旬至9月上旬定植。春甘蓝多在11月下旬至12月上旬定植。甘蓝是需肥较多的作物，只有充分施肥才能达到高产。

③收获利用和饲用价值。收获饲用的甘蓝结球不一定要包紧，只要植株长到相当大，就可根据需要随时进行收获。但为了提高产量，还是待叶球包紧后再收为好，这样对贮藏或运输也较方便。叶球和外叶产量高，连外叶合计，牛心等早品种每亩产2500～3500千克，小平头等中熟品种每亩产3000～4000千克，大平头等晚熟品种每亩产4000～6000千克。外叶与叶球两者比例为1∶1或叶球微高。

甘蓝柔嫩多汁，蛋白质含量丰富。粗纤维含量低，干物质中粗蛋白含量20%左右，粗纤维含量只有16%左右。适口性好，畜禽均喜吃，是一种优良的青绿多汁饲料，在青饲料轮作中具有重要作用。

（7）牛皮菜　别名叶用甜菜、根达菜、厚皮菜、君达菜。

①生物学特性。牛皮菜喜温暖凉爽气候，生长适宜温度15～25℃。抗寒性较强，幼苗能在零下5℃低温中生活，不耐高温，当温度超过30℃时，生长缓慢或停止。需水较多，在较高的土壤湿度和

空气湿度下，生长迅速，品质柔嫩。喜肥沃、潮湿、排水良好的黏质土壤及沙质土壤。对氮肥需要较多，在氮肥充足情况下，叶片生长迅速，组织柔嫩，品质优良。盐碱地亦能种植。

②栽培要点。牛皮菜一般为育苗移栽。播种期南方多在 8 ~ 10 月，而北方在 3 月上旬至 4 月中旬。华南和华北地区，多次秋播。直播多为条播或点播，行距 30 厘米左右，播后覆土 2 ~ 3 厘米。每亩播种量 1 ~ 1.5 千克。育苗移栽者，当苗高 20 ~ 25 厘米时进行。移栽前 1 ~ 2 天，先在苗床上充分浇水，以便及时减少断苗和伤根。移栽行距一般 30 ~ 40 厘米。株距 24 ~ 30 厘米，移后 3 ~ 4 天可恢复生长。牛皮菜幼苗移栽成活后要及时进行中耕除草，以促进扎根。每隔半月左右，结合浇水，中耕追肥一次，追肥以腐熟的人粪尿为主。南方秋、冬季常遇干旱，应及时浇水。

③收获利用和饲用价值。牛皮菜在移栽后 30 ~ 40 天，直播的在播后 60 天左右，当植株已长出 11 ~ 12 叶时，即可剥叶利用。方法是将植株下部 6 ~ 7 片老叶剥下作饲料，留下 4 ~ 5 片新叶继续生长。以后根据植株生长情况，每次剥下面的 4 ~ 5 片大叶，提倡少剥、勤剥，以利新叶的生长。一般每隔 10 ~ 15 天剥一次，可一直剥到植株开始抽薹开花，最后一次可砍收。南方可剥 8 ~ 10 次，每亩产5000 ~ 10000 千克，北方能剥 4 ~ 5 次，每亩可产收 4000 ~ 5000 千克。

牛皮菜柔嫩多汁，适口性好，营养丰富，干物质中粗蛋白含量16% ~ 20%，粗纤维 15% 以下。鹅很喜食，牛皮菜中含草酸较多，喂量过多有碍钙的代谢，应予以注意。切碎青饲或拌入糠麸中喂给。

（8）蕹菜 别名竹叶菜、空心菜。

①生物学特性。蕹菜属旋花科甘薯属一年生草本植物。茎圆形，中空，柔滑脆嫩，能节节生根。叶披针形。蕹菜喜温暖湿润气候，耐热，怕霜冻。气温 25℃ 以上时，生长加快，大量长出分枝。气温

30~35℃，而水肥供应充足时，则生长繁茂，分枝也多，可分次采收。蕹菜既耐肥，又耐瘠，但以富含有机质的黏土壤为最好。最适宜在水田，或肥沃湿润的旱地种植。再生力强，每次收割后，要追施速效氮肥和浇水，以促进其迅速再生。蕹菜的茎节能节节生根，当上部折断后，下部叶腋能再抽分枝，长成新株。这种特性既有利于陆续采收，长期均衡供应青饲料，又有利于茎蔓的无性繁殖，扩大栽培面积。

②栽培要点。蕹菜可进行育苗移栽，即在旱地育苗，水田移栽。水田移栽先作畦，按行距 33 厘米，株距 20 厘米插苗，每穴插 2 株，插后排水，保持湿润，以利阳光照射，提高土温，加速生长和分枝。如畜舍附近无水田，也可以进行旱地直播，每亩播种量 2~2.5 千克。

③收获利用和饲用价值。蕹菜栽播后 40~50 天，蔓长 40 厘米左右可分区轮流割。在 6~9 月生长快，每隔 20~30 天可割一次。南方一年可割 5~6 次，每亩产 1 万~1.5 万千克以上，蕹菜的营养价值高，其干样品中含粗蛋白质 15.8%，粗纤维 10.25%，柔嫩多汁，适口性好，各种畜禽均喜食用，直接投饲或切碎拌和精料饲喂，是我国南方夏季畜禽的一种良好的青绿饲料。在畜禽的青饲料平衡供应中，具有重要意义。

（9）大白菜（结球白菜） 别名结球白菜、黄芽白或包心白。

①生物学特性。大白菜的叶部发达，是基本的饲用部分。大白菜的外叶和心叶，可分别在秋、冬和春季饲用。大白菜喜温暖湿润的气候条件，土温达到 20~25℃时，种子 2~3 天可发芽。生长前半期气温较高，有利于根系和外叶的繁茂生长，到生长后半期，气温逐步降低，有利于养分的蓄积，结成坚实的叶球，亦较耐寒。大白菜叶大而多，质地柔嫩，对水分要求高，只有供给充足的水分，才

能显著提高产量和品质。对土壤要求肥沃疏松，宜选择地面平坦、排水良好、土质肥沃的壤土或沙土壤种植。

②栽培要点。精细整地，施足底肥，多采用直播，以条播或点播为宜。南方行距 50~60 厘米。北方采用起垄播种，行距 60 厘米×70 厘米，定苗株距为 50 厘米。每亩播种量 0.3~0.4 千克，覆土 2~3 厘米。当幼苗生长到 20~26 天后，有 4~5 片叶子，达到团棵阶段，即按预定的株距定苗。生育前期，根据生育情况追肥和浇水 2~3 次，结球始期和中期要追施两次速效肥料，结合浇水，促进其结球坚实，以提高产量的品质。在长江中下游，为防止叶球遭受霜冻，在收获前要进行束叶。一般用稻草在离球顶 10~15 厘米处把外叶捆起。

③收获利用和饲用价值。大白菜在莲丛期即可收获利用。结球后外叶也是很好的青饲料。大白菜细嫩多汁，适口性好，切碎鲜喂，鹅很喜食。它也是各种畜禽都适宜利用的高产青饲料。

（10）狗牙根

①生物学特性。狗牙根属多年生匍匐型草本植物。其中岸杂一号狗牙根，是美国近年来杂交选育出来的一个不育性牧草新品种，生长快，植株较高大，产量高，蛋白质含量高，其他狗牙根植株较矮，产量较低，品质很好，也可栽培利用。岸杂一号狗牙根的根茎匍匐，平伸地表，长可达 2 米左右，叶长宽。普通狗牙根茎短，叶较狭。喜温暖湿润气候，25℃ 左右生长迅速，春秋季生长繁茂。普通狗牙根夏季生长亦非常繁茂。冬季可以越冬。抗旱力强，15 天不降雨亦能正常生长。耐酸瘠土壤，但喜肥沃，对氮肥敏感。

②栽培要点。春季栽种，选粗壮、节短、长势旺、无病虫害的根茎和植株作种苗，每亩种苗用量 125~250 千克。种茎切短，每段留 3~4 节，当天切当天用。可整畦开沟，行距 35~40 厘米，沟深

10厘米，将种苗平放沟内，覆土3~5厘米，稍加镇压即行。大面积种植，可将种茎均匀撒于地面，然后用圆盘耙覆土、水灌。狗牙根也可用种子繁殖，但种子非常细小，整地需特别精细。以春播为宜，一般种后5~6天即可扎根成活。一般撒播，播种量每亩0.35~0.5千克，播后覆土宜浅。

③收获利用和饲用价值。3~4月种植，到5月即可收割，在水肥较好的情况下，每隔20~25天可割1次，留茬2~3厘米，一年可割8~10次。岸杂一号狗牙根高产优质，每亩产量可达到5000~10000千克，粗蛋白含量高达20%左右。普通狗牙根每亩产2000千克左右。茎叶柔嫩，适口性好，各种畜禽都喜食。狗牙根生命力强、耐践踏，也适宜于鹅、牛、羊等畜禽的放牧利用。

(11) 胡萝卜 别名红萝卜、丁香萝卜。

①生物学特性。胡萝卜为伞形科二年生草本植物，胡萝卜的生长周期，从播种至种子成熟，需经过二年。第一年为营养生长期，形成肥大的肉质根，收获贮藏越冬，通过春化阶段；第二年为生殖生长期，春季定植于露地，在长日照条件下通过光照阶段，从而抽

薹抽苔、开花、结实。胡萝卜的营养生长期为 90 ~ 120 天，生殖生长期为 120 天左右。按颜色可分为红胡萝卜，紫胡萝卜，黄胡萝卜和白胡萝卜。胡萝卜是一种喜温耐寒的作物。种子发芽最低温度为 4 ~ 6℃，最适宜的温度是 18 ~ 25℃。营养生长期，最适宜温度为 23 ~ 25℃。肉质直根的形成和生长以 13 ~ 19℃ 为最适宜。胡萝卜是长日照作物，也是喜光性强的作物。胡萝卜具有比较发达的根系，细根众多，能适应干燥的气候条件，故抗旱力较强。生育期最适的土壤湿度为 60% ~ 80%。在干旱的气候条件下，适时灌溉是提高产量和品质的重要措施。胡萝卜要求上层深厚的肥沃土壤，以黏质壤土和沙质壤土为最适宜，在黏质过重的土壤条件下栽培，直根发育不良，畸形根和坏裂根增多。胡萝卜喜 pH 值 6 ~ 8 的中性，微酸性土壤。

②栽培要点。胡萝卜种子小，吸水和发芽缓慢，所以要求土壤匀细，然后耙平作畦。施足基肥。播种期在长江流域以 7 ~ 8 月为宜，在北方春播 4 ~ 5 月，夏播为 6 ~ 7 月。方式有条播或撒播，南方多为撒播。如条播行距为 16 ~ 20 厘米。播前种子应搓去刺毛。播种量撒播每亩 1 千克，条播为 0.75 千克。胡萝卜出苗后要合理间苗，小型种每 10 ~ 13 平方厘米保留 1 株，大型种每 16 ~ 20 平方厘米保留一株。条播时定苗行株距以 （16 ~ 23）厘米×（10 ~ 20）厘米为宜。结合间苗中耕除草 2 ~ 3 次，同时进行培土，使肉质根不裸露地面。生长前期，间苗后应追肥。肉质根生长期要适时灌溉，保证土壤水分，促进肉质根膨大。

③收获利用和饲用价值。胡萝卜肉质根的形成，主要在生长后期。越成熟，肉质根的颜色越深，同时葡萄糖逐渐变为蔗糖，粗纤维和淀粉逐渐减少，营养价值增高，品质柔软，甜味增加，所以胡萝卜宜在肉质根充分肥大成熟时收获。饲用胡萝卜在北方地区，春

播和早夏播的胡萝卜，在 9～10 月收获。在南方地区，由于气候温暖，水分充足，适宜的收获期早熟种为 90～100 天，叶多，根较短；晚熟种为 100～120 天，叶也多，根较长。7～8 月播种的晚熟种，在 12 月间可收获，一直收到立春，每亩收根 1500～3000 千克，叶 750～1000 千克。在 11 月以后，随着温度降低，引起冻害和植株老化，易导致叶的产量逐渐降低，一般应在入冬就把叶收获完，以防凋损。在南方冬季温暖，可将胡萝卜留在地里越冬，陆续收获饲用，但立春以后天气转暖时，植株又开始萌动，须根增多，肉质根中糖分减少，品质变劣。所以到次年 1 月中下旬就应收完。胡萝卜的根和叶都为畜禽所喜食，是畜禽的优良饲料。

胡萝卜的营养价值高。含有较多的蔗糖和果糖，具甜味，胡萝卜中蛋白质含量也较其他块根多，干物质中含量达 13.9%。胡萝卜素尤为丰富，每千克胡萝卜含胡萝卜素在 100 毫克以上，少量喂给即可满足各种畜禽对胡萝卜素的需要。它还含有多量的钾盐、磷盐和铁盐等。胡萝卜不仅适口性好，而且消化率高，适量地饲喂各种畜禽，有助于提高日粮的消化性，这对鹅的生长发育有利。胡萝卜叶青绿多汁，亦是禽畜好饲料。胡萝卜宜生喂，熟喂破坏胡萝卜素和维生素 C、维生素 E，降低营养价值。胡萝卜块根和叶子，也可切碎和其他饲料如与甘薯藤，其他叶菜类饲料等混合青贮。其青贮料对各种畜禽的适口性都很好，特别适于饲喂种鹅和雏鹅，对它们也是一种重要的维生素补充饲料。

（12）甘薯　别名薯、红苕、地瓜、山芋、红薯。

①生物学特性。甘薯不耐寒，在 15℃ 时就停止生长，26～36℃ 时茎叶生长旺盛。15～30℃ 温度范围内，温度越高，对块根形成越有利。营养生长盛期需要供给大量水分。以收薯块为主的，要有充足的光照。以收茎叶为主的，则要求在较荫蔽和水肥充足的条件下，

使茎叶生长繁茂，增加产量。富含有机质的沙质土壤上种植生长最佳，在黏质、肥沃的土地，茎叶徒长，以青割栽培为宜。适宜土壤 pH 值为 5~6。

②栽培要点。青割茎叶为主的栽培技术：首先应选择茎叶繁茂长蔓品种如胜利百号、华北 116 号等，可用种薯直播。争取早播，延长利用季节。亦可采用育苗移栽。其次选择土壤肥沃，灌溉便利的平地进行栽种。为方便施肥和收割，最好安排在畜舍较近田块种植。再次是密植，一般采取平畦密植，行距 30~35 厘米，株距 15~30 厘米，每亩插苗 6000~10000 株。如起垄密植，株距为 10~15 厘米，每穴扦插双株，每垄两行，每亩插苗约 1 万穴双株。最后是要在重施基肥的基础上，注意追施氮肥。每次割藤后，都要追施尿素，每亩施 10 千克以上。并要注意灌溉，使土壤经常保持湿润状态，以促进藤蔓迅速生长。

③收获利用和饲用品质。青刈藤蔓的甘薯，当藤蔓封垄或覆盖地面时即可进行第一次割。割时应从基部 30 厘米左右处割下，留高茬以利再生。春季密植甘薯一般可年割藤 4~5 次，夏季密植的可割 3~4 次，每亩年产鲜藤 7000~8000 千克，此外每亩还可收小甘薯约 1000 千克，兼顾藤蔓和薯块两者产量的饲用甘薯栽培，如管理精细，收获合理，在我国南方也可割藤蔓 3~4 次，每亩鲜藤 3000~4000 千克，薯块 1000~2000 千克。甘薯藤蔓柔软多汁，营养价值高，粗蛋白含量可达 16%，适口性好，鹅喜食，但要切碎饲喂或拌和精料喂给。

（13）紫苜蓿　别名紫花苜蓿、苜蓿。

①生物学特性。紫苜蓿为豆科苜蓿属多年生草本植物，一般第二至第四年生长最盛，第五年以后生长力逐渐下降。苜蓿喜温暖半干燥气候。苜蓿耐寒性很强，5~6℃即可发芽，并能耐-20~-2℃的

低温，成长植株在积雪覆盖下，能耐-40℃严寒。苜蓿也能耐热，据报道，在高温达55℃的美国加州死谷，苜蓿亦能生长良好。二年生以上的苜蓿，当高于3℃的有效积温达800～1000℃即可满足一茬牧草对温度的要求，2000℃左右的有效积温即可满足两茬牧草对温度的要求，而一般大田作物从出苗到成熟，则需2800℃左右的积温。苜蓿属长日照植物，在温度适宜时（24℃），光照时间越长，苜蓿的干物质产量越高，而且开花也较多。

苜蓿是需水较多的植物，每形成1克干物质需水约858克，但因其根系发达，耐旱能力很强，在年降水量300～800毫米地区均能生长，在温暖干燥而有灌溉条件地方生长良好。年雨量超过1000毫米地区不适于苜蓿栽培。夏季多雨，天气湿热，对苜蓿生长不利。

苜蓿对土壤要求不严，除重黏土、低湿地、强酸强碱土壤外，从粗沙土到轻黏土皆能生长，而以排水良好、土层深厚、富含有机质和钙质土壤最好。略能耐碱，以土壤pH值6.5～7.5为宜。成长植株可耐受的土壤含盐量为0.3%。土壤潮湿，雨水多时易引起根的腐烂，生长不良，连续水渍24小时而大量死亡。

②栽培要点。紫苜蓿种子小，播前需精细整地，疏松土壤，清除杂草，才能播种。播前对种子要进行，晒种和硬实处理。在从未种过苜蓿的土壤要接种苜蓿根瘤菌剂。一般每亩播0.75～1.25千克。但如适当增加播种量，会对第一年的产草量有显著的影响。因在第1～2年植株尚未充分发育，播量增加，可互相荫蔽，减少蒸发，增加草的高度和嫩枝数，因而增加苜蓿产量，提高品质。长江中下游地区3～10月均可播种，而以9～10月播种最好。出苗快而整齐，成活率高，冬前即可达3个以上分枝，可安全越冬。春播可在3月上中旬，但易受杂草危害。我国北方各省宜行春播或夏播，一般都在3～8月间播种，以单种为宜，条播为佳，也可撒播。条播

行距以 20 ~ 30 厘米为好，密行条播更好，播种深度 1.5 ~ 2.0 厘米。播种苜蓿可以利用冬麦、油菜等作伴种作物，以利出苗，防止幼苗受杂草和不良气候的影响。应及时除杂草保苗，干旱时要进行灌溉，施适量磷，钾肥，注意防治病虫害。

③收获利用。紫苜蓿最适宜的刈割时期，是在第一朵花出现到10%开花、根茎上尚未长出大量新芽阶段。此时刈割营养物质含量高，根部养分积累多，对再生有利。以收取蛋白质作为青饲补充饲料的，在现蕾阶段收割，可获得更好的品质。作为放牧地利用时，应该在苜蓿营养生长的后期开始放牧，连续放牧 7 ~ 10 天后，应停牧，恢复期 30 ~ 40 天。如遇风雨发生倒伏或根部已长出大量新芽时应及早割。末次收割应在当地枯霜期（-3℃）来临前 4 ~ 6 周，这样有利其再生和生长的持久性。

苜蓿全年鲜草产量，各地差异较大，每亩自 1500 ~ 4000 千克及至 5000 千克以上。如以割 4 次计，第一次产量占全年总产量的40% ~ 50%，第二次占 20% ~ 30%，第三、四次共占 20% ~ 25%。

苜蓿留种地应选地势较高，排水良好，适量施基肥和磷钾肥的地方，每亩播种量不超过 0.5 千克，行距不少于 40 ~ 60 厘米，通气透光有利于茎枝生长发育和生殖器官的形成，使

植株上下层均能生长良好的花实。苜蓿是异花授粉植物，养蜂可增加子生产。一般以第一茬留种较好。

④饲用价值。苜蓿的营养价值与收获时期关系很大。幼嫩时水分含量较高，随生长阶段的延长，蛋白质含量逐渐减少，粗纤维则显著增加。营养生长期干物质中粗蛋白质含量为 26.1%，50% 开花至盛花期下降至 18.2%，而粗纤维则相反，由 17.2% 上升到 28.5%。收割过晚时，茎多叶少，营养成分明显改变，饲用价值下降。

苜蓿的营养价值高主要表现在蛋白质含量高，蛋白质消化率高，必需氨基酸含量丰富。氨基酸中除蛋氨酸少以外，其他的和鸡蛋的氨基酸含量相近，而胱氨酸含量丰富，可弥补蛋氨酸之不足。苜蓿粗纤维和无氮浸出物占干物质的 60% ~70%，虽比禾本草学含量低，但其无氮浸出物占量相对较高，粗纤维占量相对较低，粗纤维中木质素相对较高，因而苜蓿所含总能量较低。苜蓿钙磷镁等矿物质含量均很丰富，干物质中钙占 1% 至 3%，而禾本科草中仅占 0.2%。苜蓿是维生素重要的来源，胡萝卜素，维生素 B、维生素 K、维生素 E 等均甚丰富。

青饲用时一般以现蕾期刈割较好，但喂鹅则在营养生长期收割为宜。适时收割不仅质量好，而且是防治杂草和病虫害最有效的方法。苜蓿一般不宜放牧，但刈牧兼用可提高干物质产量 20%。因此苜蓿和禾本科混合草地，也可放牧鹅。

青饲料要注意随割随喂，在阴凉处散放，不要隔夜堆放，以免发热变黄，鹅不吃，造成浪费。成鹅一天可吃 0.5 千克。

苜蓿最重要的利用方式是晒制干草和制成千草粉。调制干草的苜蓿要在始花后选晴天及时收割。调制时宜将苜蓿摊铺于地面，并将水分挤压出来，期间应多次翻晒。这样调制，既干燥迅速又减少叶片损失。苜蓿干草粉可作为鹅的蛋白质补充料用或代精料。

（14）红三叶　别名红车轴草、红荷兰翘摇、红寂草。

①生物学特性。红三叶为短期多年生草本植物，在温暖地区一般只能生活 1~2 年。红三叶喜温凉湿润气候，生长最适宜温度为 15~25℃，而以 20℃ 左右为最佳。能耐−8℃ 低温，幼苗耐寒力更强。不耐旱，能耐湿，在夏季不断降雨，土壤水分经常呈饱和状态下红三叶仍能生活，虽短期浸水亦无碍其生长。夏季高温高湿或干旱均生长不良或死亡。

红三叶喜中性及微酸性土壤，适宜 pH 值为 6~7，以排水通畅，土壤肥沃富于钙质的黏壤土为宜，在略带酸性不适于栽培苜蓿之处可栽培红三叶。

②栽培要点。红三叶忌连作。种子亦很细小，整地要精细，雨水多的地方要作畦，以利排水。北方多春播，南方多秋播，长江流域各地 3~10 月均可播种，而以 9 月播种最好。常采用谷类作物（麦类）保护播种。单播播种量每亩 0.75~1.0 千克。与禾本科牧草混播，两者播种量以 1:1 为宜。多采用条播，行距 15~30 厘米，覆土 1~2 厘米。播前种子要进行硬实处理。对于首次种植红三叶地，要用根瘤菌剂拌种。施磷、钾肥增产效果显著，尤其对磷肥敏感。红三叶苗期生长缓慢，此时要注意中耕除草。每次割草后，要施肥，灌水，施肥量每亩施化肥 10 千克左右。

收获利用和饲用价值：红三叶在现蕾，初花前只见叶从（草层），鲜见茎秆，草层高度大于秆株高度（茎长），这时收割利用较为适宜。秋播在次年 4 月下旬，春播在出苗后 70~80 天，草层达一定高度（一般为 40~50 厘米）时，无论现蕾开花与否均可及时收割。3~4 月春播当年可割 3~4 次，每亩总产量鲜草可达 4000 千克以上。长江中下游年可割 5~6 次，每亩产 3500~4000 千克，华北中南部年可割 3~4 次，每亩产 2500~3000 千克。在水肥充足及良好管理情况下每亩产量曾达 6000 千克。

红三叶产量高，品质好，病虫害少。红三叶用于放牧、青饲或青贮料都很适宜。幼嫩的红三叶切碎喂鹅亦很喜食，而且也是猪、兔所喜食的青饲料。红三叶是很好的放牧牧草，用于放牧鹅、猪时，其效果仅次于白三叶、苜蓿。红三叶叶多，茎少而中空，易于制作优质干草，制成干草粉也可代替苜蓿干草粉喂鹅，以节省精料，补充蛋白质。喂量可占日粮5%以上。

（15）白三叶 别名白车轴草、白荷兰翘摇、白三叶草。

①生物学特性。白三叶为多年生草本植物，一般生存10年以上，在永久草地中有生存40～50年以上的。匍匐茎细软，长30～60厘米，节节生根长叶，并长出新的匍匐茎向四周蔓延，侵占性强。白三叶喜温凉湿润气候，生长适温为19～24℃，耐寒耐热能力较强，冬季低温达-15℃时能有较高的越冬率。白三叶宜湿润环境，年雨量不宜少于600～760毫米。能耐湿，可耐受30～40天的积水。夏季高温干旱，才严重受害或生长停滞。喜光，能耐阴，可在林下生长。对土壤要求较高，宜肥沃湿润、排水良好的土壤。能耐酸，pH值4.5地区亦能适应，略能耐碱。再生力极强，为一般牧草所不及。夏季高温干旱时生长不佳，冬季以枯草期短见长。

②栽培要点。白三叶种子很小，要求整地精细，清除杂草。施用有机肥，磷肥作基肥，酸性土壤需施石灰。春秋播均可，但秋播（9～10月）为宜。单播播种量每亩0.5～0.75千克。可与多年生黑麦草、鸭茅、羊茅等混播，播量为0.1～0.3千克。条播行距15～30厘米，覆土1～2厘米。白三叶幼苗期生长特慢，要注意苗期施用除草剂清除杂草。由于白三叶长成后多年不衰，种子落地能自生，故要经常收割利用，适当管理以促进其生长。

③收获利用和饲用价值。白三叶初花时期即可收割，播种当年产量低，一般亩产鲜草1000千克左右。第二年可收割3～4次，每

亩产量 3000 多千克，高者可达 4000～5000 千克。在良好的管理条件下，白三叶草地在春夏两季每隔 15～30 天可割一次，东北年可割 2～3 次，华北 3～4 次，华中、西南 4～5 次。一般以刈割不超过 4 次，留茬 5 厘米以上为最佳。

人工培育的白三叶富含蛋白质，干物质中含量达 28.7%，而粗纤维含量低，干物质中仅含 15.7%，品质比苜蓿、红三叶明显较优。所含的各种氨基酸一般均高于百脉根，苜蓿或红三叶的含量。由于放牧时被吃的多为叶片，其纤维少，多汁，蛋白质与矿物质给源充足，所以饲用价值极高。白三叶可作为禽畜的蛋白质维生素的补充料。白三叶适口性好，粗纤维含量只有 15% 左右，易消化，干物质消化率达 60%～80%，自由采食量比具有相似消化率和代谢能的禾草高 20%～30%，成熟时可消化性下降速度比禾草的慢，推迟收获损失较少，是鹅、鸡、鱼、兔、猪的优良青绿多汁饲料。

白三叶也是鹅的良好放牧饲料，它的茎枝匍匐生长，放牧后能很快自叶腋长出新的枝叶，伤残枝条能脱离母株茎节生根继续生长。白三叶再生能力强，再生速度快，耐牧性之强为其他丛生型豆科牧草如苜蓿、红三叶等所不及，再加上种子硬实率高，能落地自繁，因而成为温带最好最重要的放牧用豆科牧草。

（16）毛苕子 别名冬巢菜、冬苕子、毛野豌豆、兰花草、冬豌豆。

①生物学特性。毛苕子为一年生或越年生草本。根系发达，茎细长蔓生，分枝多。秋播者次年 4 月底 5 月初开花，6 月种子成熟，生育期 270 天；春播者，6 月开花，7～8 月种子成熟，生育期 120 天左右。毛苕子喜冷凉气候，最适宜生育温度为 20℃ 左右。不耐高热和酷寒，在 30℃ 高温和 -30℃ 严寒的条件下均生长不良或死亡。生长需充足的水分，成株较耐干旱。喜光性强。对土壤适应性较强，

红壤、紫色土、冲积土、轻度盐渍化土都能适应，但以壤土和沙壤土为最好。较耐盐碱，不耐涝渍。

②栽培要点。毛苕子是棉田或水田的重要绿肥牧草。毛苕子春秋播均可。秋播北方9~10月，江淮地区可延至10月中旬至11月上旬。春播西北、东北地区3~4月。条、撒、穴播均可，冬播行距30~40厘米。每亩播种量3~4千克。水温条件较差的地区播量应加倍。我国毛苕子多与粮食经济作物套混播，方法各地不一。东北、西北等地常与玉米或小麦套种；四川、湖南用油菜和苕子间作，江淮地区与胡萝卜、水稻、棉花套种等。毛苕子地上部分割作青饲料，根茬肥田。

③收获和饲用价值。毛苕子是很好的畜禽豆科饲料牧草，种子处理后又可代精料利用，自现蕾到初花均可割作青饲或绿肥。生产上通常在草层高度达40~50厘米即应割，以免叶萎黄，影响品质和再生力。一般亩产鲜草3000~5000千克。可年割2次，但第一次宜早，留茬10厘米，以利再生。毛苕子茎叶柔软细嫩、营养价值较高，干物质中含粗蛋白质，毛苕子达23.1%，普通苕子18.6%。粗纤维含量26%~27%，与紫苜蓿相近。幼嫩鲜草切碎喂鹅、鸭等都非常喜食。也可青贮后供缺青饲料时利用，或晒干制成草粉利用。

（17）紫云英 别名红花草子、莲花草。

①生物学特性。紫云英喜温暖湿润气候。生长最适宜温度为15~20℃，幼苗在-5~7℃低温时即受冻害。在高温炎热地区生长不良，淮河以北地区过冬亦较困难。喜湿润，水分充足，生长良好，但忌早春积水，水淹根系根瘤发育受阻或引起烂根致死。耐旱性较差，久旱生长不良，产量低。喜肥沃土壤，以沙壤土或黏壤土和无石灰性冲积土为宜，在瘠薄、干旱和沙土上生长不良。土壤pH值5.5~7.5为最宜。不耐碱，土壤含盐量超过0.2%时即易死亡。秋

播紫云英在春前主要生长叶和分枝，植株较矮小，叶片较多。开春后生长迅速，枝叶繁茂，为收割利用期。4月开花，5月种子成熟，宜收割部分作青饲料。

②栽培要点。紫云英最好与晚稻、棉花、麦类等轮作或间种。其种子硬实，播前应处理。播种期9~10月为宜，播种量每亩2~3千克。多撒播，晚播套作时，种子直接撒到浅水田中，2~3天后露芽，再将田水排干、保湿，待稻收后轻耙覆土。棉田套种时，应浅锄后播种，以利种子吸水，发芽扎根。地势较高田块也可作畦，进行小麦紫云英或蚕豆紫云英间作。苗期至春前施草木灰，厩肥作追肥，可增强越冬能力，促进春后茎叶生长，提高产量。

收获利用和饲用价值：紫云英播种适时、管理良好的年份可收割2~3次，每亩产鲜草2000~2500千克，高者可达4000千克。紫云英茎叶鲜嫩多汁，富含蛋白质，无论作饲料还是作绿肥，都有很高的营养价值。盛花期鲜草干物质中含粗蛋白质25.28%，粗脂肪5.44%，粗纤维22.16%，干物质消化率46.8%，蛋白质消化率63.9%。紫云英适口性好，各种畜禽都喜食，且可全部采食。青饲、青贮或调制干草均可。现蕾开花前收割，切碎青饲喂鹅、鸭、鸡及兔，效果非常好。可单喂，也可和其他青饲料或糠料拌和饲喂。青贮后利用，鹅和其他畜禽也非常喜食。

紫云英能在冬春缺青饲料季节提供青饲料，不仅可满足鹅蛋白质和能量的营养需要，而且还能提供多种维生素，这对种鹅有特别重要的意义。

(18) 百脉根　别名乌足豆、牛角花、五叶草。

①生物学特性。百脉根是豆科，属多年生草本植物；主根粗壮，侧根发达。分枝众多，丛生细嫩，光滑无毛、匍匐生长，茎上又可生出大量分枝，单株覆盖直径可达1.7~2.0米。百脉根喜温暖湿润

气候。幼苗易受冻害，成株有一定耐寒能力，在 -3~7℃ 低温下茎叶枯黄。亦耐 30~35℃ 的高温，而且在亚热带冷凉地区亦可生长。为日照植物，需 16~18 小时日照，短日照情况下开花减少，出现匍匐或呈莲座状生长。不耐阴、喜肥沃、灌溉良好的黏壤土生长。沙壤土，土质浅薄，微酸与微碱土壤均可适应。适宜的土壤 pH 值为 6.2~6.5。湿度过大时幼苗生长缓慢，根瘤形成与固氮能力均受抑制。在排水不良的地区亦能生长。

北京地区春播后当年 6 月上旬开花，下旬结荚，7 月上旬种子成熟，11 月中旬叶枯，次年 4 月中旬返青，5 月中旬开花，6~7 月盛花，8 月份仍有花开，花期长达 3 月。夏季炎热时其他牧草生长较差，而百脉根则生长较好。南京地区秋播常易冻死，成活者次年生长情况与北京春播次年生长基本相同。

②栽培要点。百脉根种子细小，幼苗生长缓慢，竞争力弱，整地应精细。种子硬实率很高，达 21%~64%，播种前应行理化处理或浸泡，未种过百脉根的地方，必须用百脉根族根瘤菌进行接种。南方各省适宜秋播，以 9 月中下旬播种较好，10 月播种易受冻缺苗。春播也以早播为佳。每亩播种量 0.35~0.9 千克。单播时条播，行距 20~40 厘米，混种时撒播。播种深度不应超过 1.0 厘米。百脉根的根和茎均可用来切成短段用作插穗扦插繁殖。根段两端均可长出新的根和茎枝。用茎繁殖时可将茎切成 3~4 个节的短段，以其 2 节插入地下，绝大部分可自茎段切口长出新根来，而留在地面的叶腋则长出新茎形成新植株。百脉根收种较难，利用茎段扦插繁殖是一个可行的办法。

③收获利用和饲用价值。百脉根以放牧利用为主，亦宜刈割青饲和晒制干草。第一次初花时割最好，但盛花期品质仍佳。再生慢，每隔 6~8 周，始可刈割 1 次，或叶层 30 厘米高时收割。根据各地

生长季节长短不同，每年可割2~4次，最后一次割距严霜期不少于40天。

百脉根留茬高度以7.5~10厘米最佳，这可维持最大的产量和健壮的植株。百脉根割后的再生，主要依靠割茬上残留叶片合成的碳水化合物（较根部积贮的还多）而不是和苜蓿一样靠根部积贮下来的养分再生，因此收割时不仅减少腋芽的数目，并且割去了大量能营光合作用的叶片。重复频繁收割，亦不利于再生。低刈与频刈均会导致植株逐渐稀疏衰亡，总产量受损。每亩产鲜草1500~2000千克。管理好者年可割4~5次，每30天左右割1次，每亩产量鲜草达4000多千克。

百脉根是适宜作放牧用的牧草，因其匍匐生长，牧后留下较多的叶片对再生有利，而茎腋上又可长出新的嫩枝，供继续牧食。一旦形成草被后可维持很久，长期不衰，可弥补夏秋草不足的缺点。百脉根饲用价值较高。营养生长期收割的百脉根，喂畜禽可被全部采食。对鹅切碎青饲或放牧利用均可。

（19）多年生黑麦草　别名宿根黑麦草、英国黑麦草。

①生物学特性。多年生黑麦草是禾本科牧草中生长较快、成熟较早的一种。多年生黑麦草喜温和湿润气候，20℃上下为生长最适温度，35℃以上生长不良。土温15℃为分蘖最适宜的温度，20℃茎叶生长最盛，24~27℃根生长停止。光照强、日照短、温度较低有利分蘖。长日照植物，遮阴对生长不利。多年生黑麦草耐寒耐热性差，在北方不能越冬或越冬不稳定，在南方夏季高温使多年生黑麦草根系生长发育受阻。在高温伏旱平原地区一般只能作越年生牧草利用，在风土适宜条件下，也可生长两年以上。能耐湿和短期水淹，不耐旱，高温伏旱对生长尤为不利。多年生黑麦草对土壤要求比较严格，喜肥不耐瘠，最宜在排灌良好肥沃湿润的黏土或黏壤土中栽

培。略能耐酸碱，南方土层较厚的山地红壤亦可种植。干旱瘠薄沙土生长不佳。

②栽培要点。多年生黑麦草种子细小，要求精细整地，土细无块，保持土壤湿润。结合耕翻施足有机底肥。冬季寒冷地区春夏均可播种。长江流域各省秋播以9月最宜，亦可迟至11月播种；春播以3月中下旬为宜。单播者每亩播种量1~1.5千克。一般以条播为宜，行距15~20厘米。覆土深度以1~2厘米为度。人工草地宜撒播。多年生黑麦草可与多种豆科牧草如白三叶、红三叶、杂三叶、苜蓿等混种，建成优质的人工牧场和草场，效果良好。

多年生黑麦草分蘖能力强，再生迅速，生产潜力大，水肥充足，可大幅度提高产量，施用氮肥，效果尤为显著。黑麦草是需水较多的牧草，在分蘖期、拔节期，抽穗期及每次刈割以后适时灌溉可显著提高产量，夏季灌溉可降低土温，促进生长有利于越夏。

③收获利用和饲用价值。多年生黑麦草用以放牧鹅，草层高15厘米左右为宜。用作青饲料饲宜在25~30厘米高抽穗前收割。春播可收割1~2次，每亩产鲜草1000~2000千克，秋播早者冬前即可收割1次，次年盛夏前可割2~3次，一般每亩产鲜草3000~4000千克，多者可达5000~6000千克，适宜收割的鲜草干物质含量一般在15%左右。黑麦草再生草大多由残茬中长出，收割时留茬高度以7.5厘米为宜。再生较快，一般两次收割间隔期3~4周。

早期收割的多年生黑麦草叶多茎少，质地柔嫩。叶丛期的黑麦草，干物质中含粗蛋白质18.6%，粗纤维21.2%，脂肪3.8%。多年生黑麦草地放牧鹅，草高达15~25厘米时开始利用。放牧至7.5厘米时即应停牧转至他处，待恢复至一定高度时始可再次放牧。与白三叶混种的草地，更适于鹅的放牧利用。每亩草地可放牧肉鹅100只左右。

（20）多花黑麦草　别名意大利黑麦草或一年生黑麦草。

①生物学特性。多花黑麦草适于生长在冬季气候温和的温带或亚热带湿润地区。秋季和春季比其他禾本科牧草生长快。不耐热，越夏不良或死亡更甚。喜壤土也可在黏壤土种植，更宜在肥沃湿润土壤生长。耐湿，但忌积水。耐盐碱能力强，在 pH 值 5～8 时均可适应，在滨海盐碱地亦可种植。多花黑麦草通常一年生。播后生长快速，南方秋播或早春播者多于夏季高温干旱时死亡，条件适宜时亦可成为短期多年生。

②栽培要点。南方各地适于秋播，以 9～10 月为宜，早秋播者当年冬季可割一次，次年早春又可陆续刈割使用，提供草料。华北和西北地区 4～5 月播种，9～10 月利用。每亩播种量 1～1.25 千克，行距 15～30 厘米，播种深度不超过 2 厘米。多花黑麦生长迅速，产量高，宜单播。亦可与苜蓿、红三叶、白三叶、苕子、紫云英等混种。多花黑麦草喜氮肥，冬季，早春和每次割后都要追肥，每亩施氮肥 10 千克左右，以提高产量和品质。一般施 1 千克氮素可增产干物质 30 多千克，并使牧草中蛋白质含量提高 5%。灌溉可明显提高产量，每立方米可增产干物质 1～2 千克。

③收获和利用价值。多花黑麦草是禾草中生长最快的一种牧草。早秋播者年可割 3～5 次，供青期主要为 3～6 月。分蘖多，再生快，产量高，一般亩产鲜草 3000～5000 千克，高者可达 7500 千克以上。种子产量可达 50～100 千克。

多花黑麦草茎叶柔嫩多汁，适口性好，各种畜禽都喜食。早期收割利用，叶量丰富，利用率高。叶丛期多花黑麦草品质优良，干物质中粗蛋白质含量达 15%～18%，粗纤维含量为 20% 左右。氨基酸种类较齐全，必需氨基酸含量丰富。维生素和矿物质含量充足。多花黑麦草适于青饲利用，切短单喂或拌和糠麸饲料喂均可。亦较

耐牧，可放牧利用，牧后恢复生长速度也很快，也可调制成青贮料或制成干千粉供鹅食用。

（21）无芒雀麦 别名无芒草、禾萱草。

①生物学特性。无芒雀麦乃雀麦属多年生牧草，生长年限可达10～20年。根系发达，有短地下茎，多分布在离地面1厘米土层中。无芒雀麦喜冷凉湿润气候。土温20～26℃为根和地上部分生长最适宜的温度，10～20℃光合率和干物质积累最高。耐寒性强，在青海海拔3000米冬季最低气温-28～30℃地方可安全越冬。增加光照强度可增加根和地下茎的生长，长日照下，地上部分超过根的生长，短日照则反之。夏季根茎生长最显著，遮阴可使茎生长减少。无芒雀麦适于生长在年降雨量较多的地方，能耐旱可与苜蓿相当，为禾本科牧草中抗旱性最强的一种。对土壤要求不严，从黏土到沙土均可栽培。肥沃排水良好土壤最适宜，能耐瘠，适宜的土壤pH值为6.5～7.0，耐盐碱能力较强。

②栽培要点。无芒雀麦寿命长，能形成坚实草皮，使土层密结，耕耙困难，只能配置在专门饲料地内而不宜安排在大田轮作中。播前应深翻土地并施入基肥。东北以5～7月播种最好，过早易受干旱和风害。南方各地春秋均可播种而以9月最好。无芒雀麦种子大而轻，撒播或条播均可。条播条距30～40厘米，播种深度以1～1.5厘米为宜，亩单播播种量1～2千克。为了获得均衡稳定的产量，每一生长周期均需施氮肥，春季分期施用的干物质产量显著较一次施用的为高。年施氮量一般以每亩不少于4.5～9.3千克为度。

③收获利用和饲用价值。每年可割3～5次。东北北部无霜期短，一年只能割2次，无芒雀产量视地区和管理水平而异，一般每亩产2000～3000千克，高者可达3000千克以上。

喂鹅一般株高30厘米左右时收割青饲。生长期的幼嫩无芒雀麦，其营养价值不逊于豆科牧草，粗蛋白质含量在干物质中可达20%，并含有较多氨基酸。叶片柔软，适口性好，是鹅、兔及牛羊的优质牧草。青饲切短饲喂。无芒雀麦具短地下茎，耐践踏，再生力强，常和白三叶、紫苜蓿等混种草地，适于鹅放牧利用。

（22）草地早熟禾

①生物学特性。草地早熟禾，喜温暖、湿度较大的地区生长，耐寒、耐热、较耐干旱。具短根茎，再生力强，多年生，生长利用年限可达10年以上。

②栽培要点。早熟禾种子细小，苗期生长缓慢，故播地要精细整理，土宜细，施足基肥。播种期以秋播为宜，一般9～10月播种。宜条播，行距30厘米，播种量每亩0.3～0.5千克，播深1～2厘米。可利用草茎分株移栽，每穴2～3苗，行距15～20厘米。栽后浇水，成活率高，很快可覆盖地面。草地早熟禾刈割利用多年后，长势减弱，可用圆耙或凿耙等工具切破草皮，并施以磷，氮，钾等肥料，刺激其恢复旺盛生长。

③收获利用。草地早熟禾茎叶柔嫩，叶量丰富，营养价值高，适口性好。青刈产草量每亩3000千克左右，年可割3～4次。生长期其干物质中含粗蛋白达20%以上。切短青饲，鹅喜食，也是一种很适于放牧鹅的优良牧草。

（23）墨西哥类玉米　别名假玉米、大刍草。

①生物学特性。墨西哥类玉米是禾本科中一种类玉米新品种。多年生，植株高大，分蘖多，丛生，再生能力强。喜温暖湿润气候，最适宜的生长气温为24～27℃。耐高温，耐热，在38℃时仍生长旺盛。不耐霜冻，在我国长江流域以北地区种植时，一般都不能结实和越冬。喜光。以肥沃，含水分高、pH值6.5～7.5的土壤最为适宜。不耐涝渍。在土壤水肥充足，温度高，光照强的情况下，生长

旺盛，产量较高。墨西哥类玉米，生长期长，分蘖期占全生长期的60%。我国华南地区，3月上中旬种植，9～10月开花，11月种子成熟，全生育期245天。

②栽培要点。墨西哥类玉米与玉米一样，土壤水肥充足，才能获得丰产。因此播前土地一定要施足基肥，一般每亩施肥2000～3000千克，复合肥8～10千克。春播，播期3～5月。条播，行距35～40厘米，点播行株距35～40厘米，每亩实生株群5000～6000株。每亩播种量0.6千克，开行点播，每穴2～3粒，覆盖碎土3～4厘米。育苗移栽播种量每亩0.25～0.3千克。出苗长出5叶后开始分蘖，生长旺盛，应定苗补缺，长至苗高30厘米时，应亩施氮肥5千克，以促进分蘖和快长。

③收获利用和饲用价值。墨西哥玉米苗高40厘米时，可第一次刈割，留茬5厘米，以后每隔15～20天割1次。留茬需较原茬稍高1～1.5厘米，注意不能割掉生长点，每次割后再生苗高达5厘米时，应追肥盖土，每亩施氮肥8～10千克。年可割7～8次，每亩产鲜草1万～1.5万千克，干物质中含粗蛋白质13.68%，粗纤维含量为22.37%。赖氨酸含量达0.2%，与高赖氨酸玉米含量水平相近。消化率较高，枝叶质地松脆，具甜味，适口性好，是鹅、兔、牛、羊、鱼、猪的非常喜食的优质青饲料。对鹅需切短饲喂。

（24）坚尼草 别名大黍、几内亚草。

①生物学特性。坚尼草是禾本科多年生牧草，具发达根系和短根状茎。坚尼草喜温暖，潮湿气候。最适宜生长温度为25～35℃。耐高温干旱，在盛夏连续20多天高温无雨的情况下，仍能旺盛生长。不耐霜冻，气温降至-7℃时即会冻死。在广东、广西冬季无霜的条件下，可终年保持青绿。较耐阴，在树林下生长良好。喜肥沃土壤，较耐酸，在pH值4.5～6.0的贫瘠的红壤和红黄土壤上也生

长良好。坚尼草分蘖力强，通常单株分蘖80多个，多者可达148个，形成大型株丛。苗期生长迅速，干物质增长快。

②栽培要点。因坚尼草种子极小，所以整地要精细，并应施足有机肥作基肥。春播播种适期4~5月，华南地区2月下旬至3月上旬即可播种。条播或撒播均可，条播行距30~40厘米。播种量每亩0.5~1.0千克。因种子细小，可用适量细泥沙拌和播种。坚尼草苗期生长快，有和杂草较强的竞争力。

③收获利用和饲用价值。坚尼草再生能力强，第一次刈割宜在株高80~90厘米或抽穗前，以后每隔30天左右割1次，每次割后施尿素10~15千克。广西种植5~10月开花结实。种子成熟不一致，又易脱落，故需及时采收。坚尼草生长迅速，干物质增长快，产量高，每亩产量达7000~8000千克。

坚尼草营养价值较高，粗蛋白质含量在干物质中占16%以上，营养生长期坚尼草柔软、适口性好，切短青饲，鹅喜食，也是草食畜禽、鱼类的优良青饲料。并有夏天的"多花黑麦草"之称，是解决夏季缺青饲料时使用的一种牧草。

(25) 黑麦 别名元麦、裸大麦、莜麦。

①生物学特性。黑麦为禾本科一年生或越年生草本，适应性广，抗寒性强，株高100~130厘米，分蘖力强，稀植时往往簇生成丛，叶柔软。喜温耐寒，冬性品种能忍受零下30~37℃的严寒。一般营养生长期要求低温，生殖生长期要求温高、干燥。需水较多，但又相当耐旱，幼苗在干旱条件下，叶部可自行闭合，临时凋萎，遇雨时迅速生长。有较强的抗涝性，能短时忍受过湿和地面积水。对土壤要求不严，各种土壤都能种植，但以土层深厚、富含有机质的土壤和沙壤土最适宜。黏质和碱性较强的土壤生长不良。

②栽培要点。黑麦的前作，北方一般为玉米、高粱、大豆，南

方为水稻。前作收获后要良好的整地和施肥。播种期北方 8 ~ 9 月为宜，南方 8 ~ 10 月，甚至可延至 11 月中旬也能播种。条播，行距 15 ~ 20 厘米，播种量每亩 10 ~ 15 千克。播后覆土 2 ~ 3 厘米，镇压 1 ~ 2 次，青刈黑麦与金花菜、苕子、草木樨等豆科牧草混种或套种，更能提高产量和品质。寒冬到来之前，用碾子压青 1 ~ 2 次，可促进分蘖，提高越冬力，北方暖秋或多肥水，南方早播者，黑麦冬前即生长旺盛，这时可在越冬前的 20 ~ 30 天内，收割一次青饲料。黑麦对肥反应敏感，要求较高，需要供给充足的氮肥。每次割后都要施氮肥 10 千克左右。

③收获利用和饲用价值。黑麦青割利用后，北方一般年可割 2 次，南方可割 3 ~ 4 次。以株达 40 ~ 60 厘米时或拔节期刈割为宜。留茬 5 厘米。一般每亩产鲜草 2000 ~ 3000 千克，种植冬牧 70 黑麦，高者可达 5000 ~ 6000 千克。

黑麦产量高、品质好，青饲料利用期较长，黑麦叶量大，茎秆柔软，营养丰富，适口性好。各种畜禽均喜食。黑麦抽穗期鲜草含干物质 21.2%，干物质中含粗蛋白质 12.95%，粗纤维 31.36%，而拔节期鲜草干物质中含粗蛋白质达 15.08%。粗纤维只有 16.97%，幼嫩的黑麦青饲料可以喂鹅、鸡、兔和猪。切短或打浆饲喂，黑麦青饲料也可青贮利用。

第四章

种鹅的高效培育

　　鹅生产性能的高低是由遗传（品种或品系）和环境（饲料、饲养管理、气候等）两方面决定的。其中，遗传因素是内因，是基础，环境因素要通过内因而起作用。选用优良的品种或品系及其杂交种进行饲养是获取高效益的基础。为适应鹅规模化、产业化发展的要求，必须以生产性能优良的专门化品系配套杂交生产商品鹅的方式，取代过去的以单品种或简单的二品种杂交生产商品鹅的方式。

第一节　种鹅选择的依据及方法　　　　》》

　　种鹅是养鹅业的基础，种鹅的质量关系到其后代的生产性能和生产者的经济效益，是生产和效益的重要保证。选种就是按照预定的选育目标，从鹅群中选择出理想型的公母鹅作种用，淘汰较差的个体。选种的目的在于选出优秀的、并能将其优良的品质遗传给后代的鹅作种用，使鹅的后代群体得到遗传上的改进，提高商品鹅的生产性能和经济效益。选种是选配的基础，而选种所产生的后代，又为进一步选种提供了更加丰富的种源。

　　鹅的选种方法，常见的有根据鹅的体形外貌和生理特征进行选择和根据记录资料进行选种两种方法。此外，还可依据孵化季节进行选留、根据公鹅性器官的发育和精液品质选留公鹅等。

根据体形与生理特征选择优质种鹅

　　根据体形外貌和生理特征选择种鹅，是鹅群繁育工作中通常采用的简单易行、快速的选种方法。体形外貌和生理特征可以在一定程度上反映出种鹅的生长发育和健康状况，并可作为判断其生产性能的重要依据。这种选择方法尤其适合于商品鹅的种禽繁殖场，因为这种繁殖场通常缺少后备鹅群的系谱记录和个体生产性能记载，只能依靠体形外貌与生理特征来选优去劣。

　　中国鹅按体形一般可分为小型鹅、中型鹅和大型鹅。各种类型的鹅，除具有中国鹅的共同特征、特性外，还存在着各自特征和优良性状。所以，在根据体形外貌进行选择时，既要着眼于中国鹅的共同特点，又要注重各品种的外貌特征标准。采用体形外貌选择种鹅，要在不同发育阶段进行多次复选。在育种场，这种选种方法仅为初选使用，初选后需根据生产性能记录进行复选。

　　（1）选雏鹅　选留雏鹅的绒羽、喙、胫的颜色和初生体重均应符合品种（系）的特征和要求，杂色雏、发育不良的弱雏一律予以淘汰。孵化季节对雏鹅的生产性能影响较大，早春孵出的雏鹅生长

快，体质健壮，开产早，生产性能较高。

（2）复选　一般在 70～80 日龄、120～130 日龄和母鹅开产前（公鹅配种前）进行 3 次复选。在进行第一、二次复选时，应将公鹅和母鹅分开，在其自由活动的状态下进行选择，将杂色羽、扁头、垂翅、翻翅、歪尾、畸腿等不合格的淘汰。前两次复选时要特征注意种鹅各部分器官发育匀称、体格健壮、骨骼结实、活泼好动、反应灵敏、品种特征鲜明等项目。第三次复选是在母鹅开产前和公鹅配种前进行。母鹅要求：头大小适中，喙不过长，眼睛明亮、有神，颈细、中等长，身体长圆形，羽毛细密、贴身，后躯宽而深，两脚健壮、距离宽，尾腹宽大、尾平。公鹅的要求：体形大，体质结实、强壮，各部发育匀称，肥度适中，头大，脸宽，两眼灵活有神，喙长而钝、闭合有力，鸣声响亮，颈长而粗大、略弯曲而有力，体躯呈长方形，肩阔胸挺，腹平整、不下垂，腿长短适中、粗而有力，两脚间距宽。有肉瘤的品种要求肉瘤发育良好，雄性特征显著，颜色符合品种特征。此外，在公鹅的选择过程中还要考虑其生殖器官的发育情况和精液品质的优劣等方面。

根据记录资料选择优质种鹅

尽管体形外貌与生产性能有密切关系，但是，单从体质外形选择，还难于准确地评定种鹅潜在的生产性能和种用价值。种鹅场应做好主要经济性状的观测和记录工作，并根据这些资料进行更有效的选择。主要的经济性状指标包括繁殖性能、产肉性能、产蛋性能、肥肝和羽绒性能等。根据记录资料可进行以下几个方面的选择：

（1）根据系谱资料进行选择　这种选择方法适合于尚无生产性能记录的幼鹅、育成鹅或选择公鹅时采用。幼鹅或育成鹅尚不能肯定它们成年后生产性能的高低，公鹅本身不产蛋，只有查它们的系谱，通过比较其祖代生产性能的记录，用以推断它们可能继承祖先繁殖性能的能力。从遗传学原理可知，血缘关系愈近的祖代对后代的影响愈大，因此，在运用系谱资料选择种鹅时，祖先中最重要的是父母，一般着重比较亲代和祖代即可。

（2）根据本身生产性能进行选择　本身成绩是鹅生产性能在一定饲养条件下的具体体现，因此，本身成绩可作为选择种鹅的重要依据。系谱选择只能说明该个体某种生产性能的潜在可能性，而本身成绩则反映了该个体实际的生产水平。值得注意的是：根据本身生产性能进行选择只适宜于遗传力高的性状，如体重、蛋重和生长速度等；而对于遗传力低的性状的选择采用家系选择方才有效。

（3）根据同胞成绩进行选择　同胞选择即家系选择，这种选择方法对早期选择公鹅最为可行。同胞指全同胞和半同胞两种亲缘关系。同父同母的兄弟姐妹称全同胞，同父异母或同母异父的兄弟姐妹称半同胞。因为这种血缘关系有共同的父母或共同的父或母，在遗传结构上有一定的相似性，故生产性能与其全同胞或半同胞的平均成绩接近。种公鹅既不产蛋，又无女儿的产蛋成绩，在这种情况下要鉴别种公鹅的产蛋性能，就可由种公鹅的全同胞或半同胞姐妹的产蛋成绩来估测该公鹅的产蛋性能。当全同胞或半同胞数越多时，同胞均值的遗传力愈大，对于一些低遗传力性状的鹅，用同胞资料进行选择的可靠性也增大。另外，对于那些活体不能度量的性状，也可采用同胞选择。但是，同胞测验只能区别家系之间的优劣，而同一家系内的个体就难于鉴别其好坏。

（4）根据后裔成绩进行选择　后裔就是指子女。根据后裔成绩选种是选择种鹅最可靠的方法。因为这种方法选出的种鹅不仅可以判断其本身是优良的个体，而且可以通过其后代的成绩来判断其是

否能够将其优良品质真实稳定地遗传给下一代。种鹅的利用年限可长达 4 ~ 5 年，因此，这种选择方法在鹅的育种工作中更具实用价值。

（5）综合选择　上述 4 种选择方法并不互相排斥，而是相互补充的。实际生产中往往是多个选择方法结合使用。如只有祖先记录时，可根据系谱资料进行初选；有了个体资料时，高遗传力性状可以进行个体选择，而低遗传力性状，则需进行家系选择；有时是家系选择后，再进行家系内选择。后裔测定可以作为最终选择的重要依据。

第二节　种鹅的选配与配种　　　　　　　　≫

选配是在选种的基础上进行的。选配就是把优良的、具有种用价值的种鹅选出后，有目的、有计划地组配公母个体、家系或群体，以便获得体质外貌理想和生产性能优良的后代。选种必须通过选配才能表现其作用，选配决定着整个鹅群今后的改进和发展方向。

种鹅选配的年龄和比例要求

（1）配种年龄　适时配种才能发挥种鹅的最佳效益。公鹅配种年龄过早，不仅影响自身的生长发育，而且受精率低；母鹅配种年龄过早，种蛋合格率低，雏鹅品质差。中国鹅种性成熟较早，公鹅一般在 5 ~ 6 月龄，母鹅一般在 7 ~ 8 月龄达到性成熟。公鹅的适龄配种期一般控制在 10 ~ 12 月龄，使用年限以 3 ~ 4 年为宜。过老的公鹅由于体质较差，其受精率也相应降低。母鹅养至 7 个月左右开始产蛋，开产后蛋重达 100 ~ 130 克即可进行配种。母鹅的适龄配种期一般控制在 8 月龄左右可以获得良好效果。特别早熟的小型品种，公母鹅的配种年龄可适当提前。

（2）配种比例　在鹅群中，如果公鹅过多，容易因争母鹅咬斗发生死亡，或因争配而导致母鹅淹死在水中；公鹅过少时，影响种蛋的受精率。因此，公母配种比例应适当。配种的比例随鹅的品种、年龄、配种方法、季节及饲养管理条件不同而有差别。一般小型品种鹅的公母配种比例为 1∶6 ~ 1∶7，中型品种为 1∶4 ~ 1∶5，大型品种为 1∶3 ~ 1∶4。在生产实践中，公母鹅比例的大小要根据种蛋受精率的高低进行调整：水源条件好，春、夏和秋初可多配；水源条件差，秋、冬季则适当少配；大型公鹅少配，小型公鹅可多配；青年公鹅和老年公鹅要少配，体质强壮的公鹅可多配。

种鹅选配的时间和地点要求

配种时间最好是在母鹅产蛋之后，受精率高。在一天中，早晨和傍晚是种鹅交配的高峰期。据测定，鹅在早晨的交配次数占全天的 39.8%，下午占 37.4%，早晚合计达 77.2%。健康种公鹅上午可交配 3 ~ 5 次。因此，在鹅的繁殖季节，要充分利用早晨开棚放水和傍晚收牧放水的有利时机，使母鹅获得复配机会，提高种蛋受精率。在水源比较充足的地方，公母鹅一般在自由嬉水时进行交配。在没有水面的地区，公母鹅也可以在陆地进行交配。但公鹅交配后，往往因阴茎不能立即回缩而被异物污染，造成阴茎受损不能回缩，直

至坏死而丧失生殖能力。因此，公鹅配种完毕后应及时观察公鹅阴茎是否回缩，如遇污染可及时用清水洗净污染物，并送回阴茎至泄殖腔，以保持其种用价值。

种鹅选配的方法

按种鹅与配对双方的组合方式来分，选配可分为目的选配和随机交配两大类。

1. 目的选配

种鹅的选配通常采用目的选配，根据选配目的的不同，目的选配又分为同质选配和异质选配两种方法。

（1）同质选配　同质选配又叫相似选配。所谓同质选配，是指选择生产性能或其他经济性状相同的优良公母鹅进行交配。这种交配可以巩固和加强优良性状，增加亲代和后代的相似性，提高后代个体基因型的纯合性和遗传稳定性。但同质选配容易导致生活力下降或引起不良性状的积累，所以，同质选配一般只用于理想型个体之间的选配。

（2）异质选配　又叫不相似选配。所谓异质选配是指选择具有不同生产性能或性状的优良公母鹅进行交配。这种选配可以增加后代杂合基因型的比例，降低后代与亲代的相似性，其目的是使后代获得具有亲代双方优点或一方优点的特性。鹅的品种间杂交或品系间杂交多属于异质选配。这种选配方法，是交配双方通过受精过程将遗传物质重新组合，综合了双亲的优点，丰富了群体中所选性状的遗传变异，为进一步选择提供了选种材料。因此，在鹅群繁育中，为了改良鹅群某些性状，可以采用异质选配，提高鹅群的生产品质。

例如，法国的白色朗德鹅是世界上著名的肥肝专用品种，但其种蛋受精率较低，严重影响了繁殖率。目前，很多国家引进法国朗德鹅，除直接用于肥肝生产外，主要是利用朗德鹅作父本与本地母鹅进行杂交改良，以提高其后代的填饲肥肝性能。值得注意的是，在鹅群繁育中，应用同质选配和异质选配时，二者既相互区别，又相互联系。即在某阶段以采用同质选配为主，而在另一阶段则以异质选配为主。

2. 随机交配

随机交配不是随便的乱交乱配，而是采用随机法决定与配双方，使每只母鹅都有同等的与每只公鹅交配的机会。随机交配的优点是：可以把原来分散在群体中各个个体上的不同优良基因集中到同一个体中，从而获得理想型的个体。

种鹅的配种方法

在养鹅生产过程中，可分为大群配种和小群配种。农村往往采用大群配种的方法，即按一定的公母比例，放入一定数量的公鹅进行配种。小群配种大部分用于专业育种场，即把一只公鹅和几只母鹅组成一群。无论是大群配种还是小群配种，其配种方法可分为自然交配、人工辅助配种和人工授精三种。

1. 自然交配

自然交配是指在母鹅群中，放入一定数量的公鹅让其自由交配的方法。自然交配可分为以下几种：

（1）大群配种　这种方法多在农村种鹅群或种鹅繁殖场采用。

即在一大群母鹅中，放入一定数量的公鹅进行配种。这种方法虽然管理方便，但是往往有个别异常强悍的公鹅霸占大部分母鹅，导致种蛋的受精率降低。

（2）小群配种　这种方法多在育种场采用。即用一只公鹅与几只母鹅组成一个配种小群进行配种。母鹅的具体数量可按该品种的公母配种比例来决定。

（3）个体单配　公母鹅分别养于个体笼或栏内，配种时，一只公鹅与一只母鹅配对配种，定时轮换，这种方法有利于克服鹅有固定配偶的习性，可以提高配种比例和受精率。

（4）同雌异雄轮配法　采用这种配种方法是为了多获得父系家系和进行后裔测定。具体方法是：先放入第一只种公鹅进行配种，2周后提出；在第三周周末，用准备放入配种的第二只公鹅的精液与原群中的每只母鹅输精一次，输精后第3天将第二只公鹅放入原群中自由交接。采用这种方法配种后，前3周的种蛋孵化所得的雏鹅为第一只种公鹅的后代；第4周前3天的蛋不作孵化用，自第4天起即为第二只种公鹅的后代。这样在短期内就可获得两只公鹅的后代，因为公鹅的精子在母鹅输卵管内存活和保持一定的受精能力的时间一般为2周左右。所以，如果不采用这种轮配方法，第一只公鹅取出后，第二只公鹅至少要间隔2周才放入鹅群中配种，所产种蛋孵出的雏鹅才算是第二只公鹅的后代。

2. 人工辅助配种

在孵化繁殖季节，为了使每只母鹅都能与公鹅交配，提高种蛋的受精率，可实行人工辅助配种的。这种方法适宜于公鹅体形大、母鹅体形小，或没有水源情况下的公母鹅陆地交配。具体做法是：先把公母鹅放在一起，进行配种训练，建立起交配的条件反射。待条件反射建立后，公鹅看到人把母鹅按压在地上，腹部触地，头朝操作人员，尾部朝外时，就会前来爬跨母鹅。操作人员也可以蹲在母鹅左侧，双手抓住母鹅的两腿将其保定，让公鹅爬跨到母鹅背上进行交配。人工辅助配种时，最好是间隔 5~6 天给母鹅配种 1 次，一只公鹅一天可配 3~5 只母鹅。

3. 人工授精

鹅的人工授精就是人工采集精液给母鹅人工输精配种的技术。鹅的人工授精是一项先进的繁殖技术，是在育种工作中扩大优秀基因影响和组合优良基因的重要手段。

第三节 鹅的人工授精 〉〉〉

所谓人工授精就是用人工方法，将公鹅的精液采出，然后用特制的器械送入母鹅的生殖道内，达到配种的目的。鹅的人工授精配种技术有许多优点：

（1）提高种公鹅的配种能力　在自然交配的情况下，一般中型鹅种公母比例为1：4，若采取人工授精技术公母比例可达到1：20～1：30，与配母鹅的数量可比自然交配提高5～7倍，从而降低了种公鹅的饲养量，节省了饲料开支和管理费用，减少场地占用，提高了养殖种鹅的经济效益。

（2）提高了种公鹅的质量　由于使用种公鹅的数量减少，用作人工授精的公鹅是从众多公鹅中优中选优，各方面的性能都比较优良，从而相应提高了种公鹅的质量。

（3）减少了公母鹅生殖器官传染病的发生　由于操作过程进行了严格消毒，避免了公母鹅生殖器官密切接触，从而减少了一系列生殖器官传染病的发生。

（4）提高了种蛋的受精率　因选用的种公鹅性能优良，精液质量较高。同时，采用人工授精技术定期给母鹅输精，避免了自然交配下的母鹅漏配，从而使种蛋的受精率大大提高。

（5）延长了优秀种公鹅的使用年限　鹅的人工授精可以使优良种鹅的遗传性能得到更快、更广泛的应用。将优秀种鹅的精液进行超低温冷冻保存，一方面延长了精液的保存时间；另一方面，克服了精液的采集受时间、地点、季节的限制，提高了优秀种鹅的使用率，缩小了遗传改良时距，有利于育种工作的顺利进行。

（6）有利于品种间的杂交，帮助选种选配以及培育新品种　通过人工授精可以开展品种间或品系间的经济杂交，克服因公母鹅个体差异悬殊而造成的交配困难，有利于配种工作的顺利开展。

（7）采精容易，便于操作　在禽类中，由于公鹅的生殖器官明显，授精时伸出体外，容易采集到精液，且不易被污染。

鹅的人工授精过程包括公鹅的采精、精液的稀释与保存、精液品质的检查及母鹅的输精等环节。

公鹅的采精方法及注意事项

1. 采精前准备

（1）器械准备　采精前准备数支1毫升结核菌素注射器和若干套集精器。用前必须洗净消毒，干燥备用。另外，应备有65%酒精1瓶，65%酒精棉球及消毒的镊子、剪子等，放入经过火焰消毒的瓷盘里，用消毒纱布盖上备用。

（2）采精公鹅的选择　选好种公鹅是进行人工授精的前提条件，更是人工授精技术成败的关键。所选择的公鹅，一方面必须符合该品种的特征，体躯结实、紧凑、腹部不下垂，阴茎大而长；另一方面，还应结合性反应快慢程度，阴茎勃起程度，射精量的多少以及精液品质来综合考虑，应选择性反应强烈、射精量多、精子活力强、密度大的公鹅作种用。

（3）按摩训练　鹅的采精法可分为截取法、按摩法、电刺激法和假阴道法，最常用的采精法为按摩法。按摩法可分为背部按摩、腹部按摩和背腹按摩三种方式。对鹅的采精一般采取背腹部按摩，最好由两人配合训练和采精。用于人工采精的公鹅，必须经过一定时间的按摩训练，建立性条件反射。综合考虑调教训练时间、采精

量的多少及精子活力的关系，公鹅按摩训练的适宜时间为 1~2 周。采精训练时应注意按摩用力轻重适度，减少鹅的不适反应，更不可用力过猛而引起生殖器出血。采精训练时，应剪去公鹅泄殖腔附近的羽毛，并用蘸有灭菌生理盐水的棉球清洗肛门。所选用的公鹅采精训练前应停止供料供水 4 小时以上，以免排出的粪便污染精液。采精训练的人员应固定，不能随意更换。

2. 按摩采精

按摩采精时，一人抓公鹅，两手分别从两边抓住公鹅的两条大腿股部和两翅膀尖部，将鹅保定于胸前，鹅头夹在右胳膊下面。采精人员坐在凳子上，清洗肛门后按摩。按摩时，左手掌心向下，大拇指和其余 4 指分开稍微弯曲，手掌面紧贴公鹅背部，从翅膀的基部向尾部有秩序地进行按摩，1~2 秒按摩 1 次，4~5 次后，按摩的左手捎带挤压公鹅的尾根部，同时将右手的大拇指和食指放在泄殖腔的两侧，有节奏地按摩腹部后面的柔软部，并逐渐按摩和挤压泄殖环，使阴茎勃起伸出并射精。待阴茎勃起射精时，助手用普通的集精杯或三角量筒（5~10 毫升）收集精液。采精者挤压泄殖腔上部位的拇指和食指可以有节奏地、重复地进行挤压和放松，直至公

鹅不排精或精液稀薄为止。

一只通过按摩训练已建立良好的性反射的公鹅，从采精开始到结束，一般需要 20～30 秒。采精所需时间的长短因品种不同而有差异，一般小型鹅的性反应较快，大型鹅性反应较慢。如浙东白鹅性反应最快，太湖鹅和豁眼鹅性反应次之，狮头鹅和法国鹅体形较大，性反应较慢，因此，这种鹅按摩的次数要适当多一些，采精所需时间也相对长一些，需要 30 秒至 1 分钟的时间。

3. 采精时应注意的问题

①采精时按摩的力度要适当，以免因用力过猛引起生殖器官出血或污染精液。另外，由于按摩训练时引起性反射的部位是在尾椎根部和坐骨部，而该部是由臀盆神经丛分出的神经纤维腹腔支神经丛分出的神经纤维支配的。所以，当用手按摩一只性反射较好的公鹅的臀部和尾根部时，其尾巴会反射性地向上翘起，因此，按摩此部位应给予一定的压力，使之产生性反射。

②适时并恰当地按摩和挤压公鹅的泄殖腔环。因为公鹅泄殖腔环处是含有丰富的血管体的淋巴器官构成淋巴窦的部位，当按摩泄殖腔环两侧时，刺激淋巴窦产生淋巴液流出，流入阴茎使之勃起，并使阴茎两侧的淋巴皱褶内缘相接触，形成临时的精液沟。而当阴茎充分勃起时，若拇指和食指挤压的是泄殖腔的下部位（腹侧），就会使处在阴茎基部背侧的输精沟呈开放式状态，精液就从阴茎基部流出。当拇指和食指挤压泄殖腔环的上部位（背侧）时，就使输精沟完全闭锁，精液沿着输精沟流向阴茎末端，此时用集精杯就容易收集到洁净的精液。

③要注意防止排出粪便。引起公鹅排粪的原因有：a. 按摩手势不当，挤压泄殖腔上部时压迫直肠而导致排粪；b. 采精前公鹅饱

食，肠道排泄物多，应在采精前4小时停止饲喂。

④合理安排采精时间与采精频率。在大群放牧饲养条件下，公鹅的采精时间安排在上午8时左右进行最为合适。因为公鹅经过一夜的休息，早晨性欲旺盛，具有强烈的交配欲。如果将公鹅放牧后再赶回来采精，精液量既少又较稀薄，甚至有的公鹅采不到精液。主要原因在于公鹅下水后，相互追赶、爬跨，部分公鹅已射精。研究表明：射精量和精子密度会随着采精频率的升高而减少，因此采精间隔时间对种蛋受精率的影响至关重要。如自然交配时，公鹅每天射精多达20次，但在3～4次之后，其精液中几乎找不到精子。经试验测定，公鹅经过48小时的休息之后，精液量和精子密度便可恢复到最高水平。但间隔时间不宜过久，如每6天采一次的射精量与3天采一次的射精量相似。如间隔时间超过两周，会使退化的精了数增加，第一次采得的精液应弃掉不用。

⑤每只公鹅用一个集精杯。不能将几个公鹅的精液进行混合，否则易发生精液凝集，从而使精子活力降低，种蛋的受精率下降。采精前应在集精杯中注入0.5～1毫升生理盐水，即按采精量1：1稀释。

⑥在采精、稀释过程中要严禁吸烟，并避免强烈光照和较大的温差。在寒冷天气采精时，应在集精杯夹层内先装入10～42℃温水，以防止精子因冷休克。精液从采集到输精结束所用时间最长不超过90分钟，以免影响输精效果。

检查精液品质的方法

公鹅精液品质检查的项目较多，通常可以从颜色、精子活力、精子密度、精液pH值、射精量以及抵抗力等方面加以鉴别。

（1）外观检查 正常精液为不透明的乳白色液体，同时，精液的颜色会因公鹅品种的不同而存在较大差异。污染的精液颜色会出现异常现象：混入血液的精液为粉红色；被粪便污染的精液为黄褐色；有尿酸盐混入时，精液呈粉白色棉絮状块等。

（2）精子活力检查 精子活力是以在显微镜的视野下，作直线前进运动的精子数量的多少来衡量的。因只有作直线前进运动的精子才有受精能力，所以，若作直线前进运动的精子

多，则表明活力强；若作直线前进运动的精子少，则表明活力差。精子活力的检查是于采精后 20~30 分钟内进行。具体操作：取同量精液及生理盐水各一滴，置于载玻片的一端，混匀，放上盖玻片，在 37℃ 条件下，用 200~400 倍显微镜检查。主要所取精液不宜过多，以布满载玻片、盖玻片的空隙，而又不溢出为宜。

（3）精子密度检查 精子密度是用血细胞计数板测定每毫升精液中所含精子数为依据，一般是 4 亿~6 亿个/毫升。具体做法：先用红细胞吸管吸取精液至 0.5 处，再吸入 3% 的氯化钠溶液至 101 处（即稀释 200 倍），摇匀，排出吸管前三滴液体，然后将吸管尖端放在计数板与盖玻片的边缘，使吸管的精液流入计算室内，在显微镜下计数 5 个方格的精子总数，最后，按照公式算出每毫升精液的精子数。所选取的 5 个方格应位于一条对角线上或四个角各取一格，再加中央一方格。计数时只数精子头部 3/4 或全部在方格中的精子。

（4）精液 pH 值检查 精液的 pH 值检查是用 6.4~8.0 的精密

试纸测定得出的，各品种公鹅精液的 pH 值基本呈中性，只有狮头鹅精液稍偏碱性。

（5）射精量检查　射精量的多少可用具有刻度的吸管、结核菌素注射器或者其他度量器测量得出。公鹅的射精量一般为 0.2～1.3毫升，公鹅的品种不同，其射精量亦存在差异。

（6）精子抵抗力检查　精子抵抗力及体外存活力是以对 1% 氯化钠的抵抗能力来衡量的。因为 2～5℃ 是经过研究证明的精液可以做短期 24 小时内保存的适宜温度；鹅正常精子细胞代谢温度是41.7℃，发生不可逆变化的蛋白质变性温度是 55℃，两者的平均值为 48.5℃。所以，精子在体外的存活力是以在 2～5℃ 温度条件下的存活力以及 48.5℃ 温度下的存活力来衡量的。

精液的稀释及保存方法

1. 精液的稀释

公鹅每次射精量较少，但精子密度较大，通过稀释可以增加精液容量，使受精的母鹅数成倍增加，同时能节省人力和时间，也便于人工授精操作。精液稀释有利于补充营养和保护物质，减轻乳酸对精子的危害，从而延长精子在体外的存活时间，使精液得以充分利用。

而且经稀释的精液可在较高的温度下保存一定时间，这对于探索公鹅精子在母体输卵管内长时间保持受精率的机制也具有重要意义。鹅精液的稀释倍数要根据精子活力和密度来确定，一般为1：1～1：7 不等。稀释时，应先把吸有与精液等温的稀释液的滴管或注射器的尖端插入精液内，再将稀释液缓慢地挤入精液中。实践证明，如果将几只公鹅的精液混合后再稀释，易出现精子凝集现象，使精液品质下降，种蛋受精率降低。所以，不能将几只公鹅的精液混合共同稀释。精液稀释液的配方有如下几种：

①谷氨酸钠 2.8 克，葡萄糖 1.8 克，蒸馏水 100 毫升；

②枸橼酸钠 3.0 克，蛋黄 100 克，蒸馏水 100 毫升；

③枸橼酸钾 0.128 克，醋酸钠 0.513 克，谷氨酸钠 1.920 克，葡萄糖 1.0 克，氯化钠 0.0676 克，蒸馏水 100 毫升；

④氯化钠 1.0 克，蒸馏水 100 毫升。

2. 精液的保存

精液的保存依据保存时间长短的不同可采取不同方法，若短时间（小于 72 小时）可采取液态保存，若长时间保存可采取冷冻超低温（196℃）保存。

（1）精液的液态保存　在适宜的环境条件下，精子活力强，代谢旺盛，而精液内和精子本身所含的代谢基质有限，精子会在较短的时间内由于营养耗尽而衰竭死亡。因此，精液采取后若不能在 30 分钟内输完，就必须进行保存。精液液态保存的目的是延长精子的存活时间，一方面要补充外援性能源物质，另一方面要限制其新陈代谢的反应速度，以减慢能量消耗。从精子的生理特征来看，精子的代谢活动主要受环境温度和 pH 值高低的影响，在温度较高、pH 值中性偏碱时精子的代谢增强，运动活泼，能量消耗快；而在低温、pH 值中性偏酸的环境中，精子的运动减弱，代谢水平降低，有利于较长时间存活，并且当温度回升到适宜的水平时，精子的活力也可恢复，而不影响其受精能力。鹅精液的液态保存温度以 2～5℃ 为宜，如果在 0℃ 下保存，会造成精子冷休克，即使恢复到适宜精子存活的温度，精子也不能复苏且活力下降。

（2）精液冷冻保存 精液冷冻保存可以提高优秀种公鹅的配种效率，加快品种的改良速度，使育种工作不再受时间和地域的限制，可在世界范围内交流优良基因，建立巨大的优良基因库；应用冷冻精液可在同一时间用一只公鹅给大量母鹅授精，加快后裔测定的速度，提高选种的准确性。

①冻精前的准备。冻精前必须洗刷、消毒好所用的器材和用具。玻璃器具和金属用具必须干热灭菌，即用蒸汽灭菌20～30分钟消毒。金属器械如剪、镊子等用火焰消毒亦可；冻精用的铜网和氟板可用75%酒精擦拭消毒。

②精液滴冻前的准备。首先用灭菌消毒白布铺在操作台上，预备好精液处理用玻璃器具、灭菌纱布袋、温度计等，同时将广口暖瓶用灭菌毛巾擦干内胆，然后先倒入小量液氮，使广口暖瓶内胆处于充分预冷状态，再倒入氮到容量的4/5，待氮停止沸腾声后，放入铜网入氮液内1～1.5厘米处，待网面氮干燥后，将精液以0.1毫升剂型滴冻。也可将聚乙烯氟板（厚0.5厘米，15厘米×15厘米）浸入液氮，待沸腾声消失后，立即拿出放在消毒布上擦干氮后，迅速滴冻，然后置于距氮面3.5厘米处，上盖熏蒸5分钟，浸入液氮中。

③精液滴冻。冷冻精液必须先用含有防冻剂的冷冻稀释液稀释1:1～1:2之后，再放入3～4℃的冰箱内平衡1～2小时（含甘油的稀释液）。滴冻初期液氮面盛器上的温度在-35℃以下，最终温度为-196℃。每次滴冻后加盖熏蒸2～5分钟，滴冻剂量一般为0.1毫升，含有效精子数1000万～1500万个。滴冻时可用1毫升注射器或0.1毫升吸管进行，以确保滴冻准确。滴冻后取1粒放在45℃水浴中干解，检查精子活力在0.3以上时，装入纱布袋中液氮保存。

母鹅的输精及注意事项

1. 母鹅的输精

母鹅的输精方法通常有：直接插入法、手指引导法、外翻法和注射器输精法等几种，但直接插入阴道输精法简便、易行，且准确率高，在生产实践应用较普遍。输精过程是：助手将母鹅固定在输精台上，输精者左手将母鹅的尾羽拨向一边，大拇指紧靠泄殖腔下缘，轻轻向下压迫，使泄殖腔张开，右手持输精器插入泄殖腔后再向左下方插入 5~7 厘米，输精器便插入输卵管口内，母鹅较敏感，呈蹲伏不动之状，这时左手拇指放松，稳住输精器，右手用输精器输入所需的精液量，拔出输精器，输精即完成。输精时，如果两手配合不协调，输精器刚接触到泄殖腔，肛门括约肌反射性收缩，把输精器拒之门外，这时不能插，应用左手拇指和食指先把肛门开张，然后再插；有时，由于鹅的努责使腹内压升高或是鹅采食过多，肠内容物使输卵管位置改变，引起输精困难，这时，要通过改变输精器的角度进行输精。当鹅的输卵管内有蛋时，应沿蛋壁插入管内，动作要轻缓稳当，以免引起输卵管炎症或造成死亡。

2. 输精时应注意的问题

①输精时所用的一切器械每次用完都要进行严格消毒后才能继续使用。输精时要排除输精器内的气泡，否则会使输入的精液外溢，从而影响种蛋受精率。

②母鹅输精时间一般每隔 5~7 天输 1 次，不宜超过 9 天，第一次输精时，可在次日加输 1 次。有资料表明，输精间隔对平均受精

率的影响是很大的，输精间隔 6、9、12 天时，平均受精率分别为 91%、85%、72%。每次的输精时间应在下午空腹时较好，即在大部分母鹅产蛋之后进行输精，方便精子进入输卵管内与卵子结合。为减少外界影响，稀释后的精液不宜放置时间过长，最好在采精后半小时内输完。

③母鹅每次的输精量应掌握在有效精子数量 3000 万～4000 万个，每次精液量原精为 0.03～0.05 毫升，若用稀释精液，用量为 0.05～0.1 毫升，输精时精液的温度应在 38～39℃，温度达不到时应采取升温措施。

④输精过程中，动作要轻缓稳当，不可用力过猛，以免损伤母鹅生殖道。输精部位要适中，以插入泄殖腔 4～6 厘米的中等深度为宜，过浅易外溢，过深影响种蛋孵化效果，增加死胚。数据显示，输精深度在 3 厘米以下、4～6 厘米、7～10 厘米时，7 日内的受精率分别为 28%、91%、59%。

⑤对患有生殖道炎症等疾病的母鹅，不宜输精，应及时隔离治疗。每输完 1 只母鹅，要用酒精棉球对输精器进行清洁消毒，以防交叉感染。

⑥为减少鹅的应激，提高输精效果，输精人员最好固定专人。输精过程中不能追赶产蛋母鹅，应轻抓轻放，以减少母鹅产生应激反应，影响产蛋率。

⑦每次输精后应作好记录，防止漏输和重复输精。输精 72 小时后的种蛋才能收集作为种用，否则未受精，用于人工输精的母鹅群体不能过大，一般每群 100 只左右为宜，以便输精。

第五章
鹅蛋的孵化

禽类属卵生动物。孵化则是禽类进行繁殖后代的一种特殊方法。禽类胚胎的生长发育分为两个阶段：第一个是成蛋阶段，即母体内发育阶段，其中包括从排卵、受精至蛋产出。此期没有分裂的次级卵母细胞称为胚珠，而受精后次级卵母细胞经过分裂后形成胚盘（又分为明区和暗区）。第二个是成雏阶段，是在母体外于适当的环境条件下完成的，包括胚胎继续发育和成雏，这一过程被称为孵化。

就巢性（抱性）是家禽的本能，用以天然孵化、繁殖后代。鹅的就巢性既受遗传基因控制，也受内分泌及环境条件影响。鹅的就巢性经人工育种后向两个方向发展：一是依旧保持强烈的就巢性，如狮头鹅、雁鹅、浙东白鹅、句容四季鹅等品种，养殖户可利用其进行天然孵化；二是就巢性向退化方向发展，如四川白鹅、太湖鹅、豁眼鹅等品种，基本上无就巢性（仅极少数有此表现），故其产蛋量较高，但必须通过人工孵化来繁殖后代。

人工孵化是现代养鹅业生产中的一个重要环节，人工孵化也步入企业化、机械化、自动化阶段，确保了种蛋的孵化率与健雏率，提高了养鹅业的经济效益。

第一节　种蛋的健康高效管理　　》》

由健康高产的品种（品系）的母禽产的合格的蛋，称为种蛋，是专供繁殖纯系、配套系或商品代用。搞好种蛋的选择、保存、消毒和运输，将为提高孵化率与健雏率奠定良好的基础。鉴于鹅蛋的产量低，种蛋的成本较高，搞好种蛋管理无疑是极其重要的。

种蛋的收集方式

根据鹅群的生产需要，确保母鹅产蛋处安静，安全与卫生，应采取不同的集蛋方式。

（1）小群配种群　应配置产蛋箱，箱内垫料要清洁、干燥与柔软，调教母鹅在产蛋箱内产蛋。集蛋时在蛋上记母鹅号，以便系谱孵化。

（2）大群配种群　应搭建产蛋棚，光线应稍暗些，调教母鹅在产蛋箱内产蛋。垫料要洁净干燥。

集蛋时间可在凌晨4时和上午6~7时，分两次收集。产于水中的鹅蛋不宜作为种蛋用。鹅蛋收集后，应放置于孵化盘内或集蛋箱内，及时消毒后转入种蛋库内贮存。

选择种蛋的注意事项

种蛋的选择一定要从严，按照育种与生产指标把好关，掌握好种蛋的孵化品质。

（1）来源 引种时，要考虑到品种、品系及配套系。要考虑是否为疫区。要取得引种证明及免疫程序。种蛋应有日期与编号。

（2）新鲜度 种蛋的保存时间愈短，其孵化品质愈高，孵化率也愈高。贮存条件符合要求的，贮存时间 7 天左右将不影响孵化效果。

（3）蛋重 应符合各品种、品系和配套系的标准蛋重。要选择平均蛋重，过大、过小均不适宜。

（4）清洁度 要求种蛋蛋壳应洁净，不得附着粪土、蛋白或蛋黄等污染物。

（5）蛋形 以长椭圆形为好，对过长、过圆、腰鼓形等畸形蛋应予剔除。鹅蛋的蛋形指数（纵径/横径）应在 1.4～1.5 范围内。

（6）蛋壳 鹅蛋壳色多为灰白色，但要求蛋壳组织细密、平滑。

（7）受精率高 一般于交配后 5 天开始选留种蛋，要求种蛋受精率能达 90% 以上。

贮存健康种蛋的条件

种鹅场或孵化场应专设蛋库，以贮存收集来的种鹅蛋，供孵化或出售。贮存条件为：

（1）温度 理想的保存温度为 13～15℃，但不得高于 24℃ 或低于 2℃。

（2）湿度 相对湿度应保持75%左右。过高容易长霉菌。

（3）种蛋位置 贮存1～3天，可以钝端朝上放置；超过4天以上，应以锐端朝上放置，以防增大气室。

（4）翻蛋 当贮存期超过4天时，应每日翻蛋1～2次，使胚盘不宜搭壳。

（5）通风 蛋库应专设通风口，确保一定的通风量。并设防蚊、蝇、鼠等措施。

种蛋的清洗与消毒方法

鹅蛋在体内、产出后及储存过程中，都可能感染各种微生物。在孵化过程中，特别是在夏季孵蛋时，常因腐败菌等微生物的侵入而造成"炸蛋"，因此集蛋后与入孵前均应严格消毒，以减少微生物污染率和胚胎死亡率，确保较高的孵化率与健雏率。

1. 种蛋的清洗

加强种鹅舍的卫生管理，尤其是垫料的清洁与卫生。适时集蛋，这将有利于减少污染，并提高种蛋的卫生品质。尽管清洗种蛋有所争议，但用热的消毒水洗脏蛋仍然是一种有效的除菌方法，可以挽救有价值的种蛋。当然，洗过的蛋也难以确保很干净。种蛋清洗应做好以下工作：

（1）选择合适的洗蛋装置 为了提高种蛋清洗效率、减少破损、保障清洗和消毒的效果，每个种蛋场或孵化场应配备一个机械洗蛋装置。

（2）存放时间 集蛋与洗脏蛋的时间越长，细菌侵入蛋壳的机会也越大。据报道，细菌能在蛋放置30分钟内穿透蛋壳。故应尽早

洗蛋。

（3）洗液温度　如刚收蛋就洗蛋，洗液温度一定要比蛋内容物高，否则洗液中的污染物将会从蛋的气孔中吸进，反之，如温度太高会伤及胚盘。理想的洗液温度为 41～45℃。

（4）洗蛋时间　洗蛋最好不要超过 5 分钟。5 分钟内不能洗净的蛋最好不作孵化用。值得注意的是，洗蛋时间越长，种蛋破损可能性越大。

（5）选择灭菌消毒剂　氯或过氧化氢作为消毒剂效果不错，季胺化合物作为灭菌剂效果也很好。

（6）冲洗晾干　用消毒剂洗过的蛋必须立即冲洗。冲洗水必须比洗液温度高（45～48℃）。冲洗 1～2 分钟即可。洗过的蛋必须在一个清洁、无尘、21～22℃的房间里阴干。

2. 种蛋常用消毒剂及消毒方法

（1）熏蒸法　为经典消毒法。每立方米体积用甲醛溶液 28 毫升，高锰酸钾 14 克（或 28 克漂白粉），混合后甲醛气体急剧产生。一般只能熏蒸 20～30 分钟，要求温度为 20～24℃，相对湿度 75%～80% 以上。熏蒸后应迅速排出熏蒸气体，以免伤及工作人员的皮肤、呼吸道。

（2）新洁尔灭（溴化苄烷铵）消毒法　将 5% 的新洁尔灭溶液加水 50 兑成 0.1% 的溶液，用喷雾器喷洒在种蛋表面即可。也可用 1∶5000 浓度溶液喷洒或擦拭孵化用具。切忌勿与肥皂、碘、碱、升汞和高锰酸钾配用。

（3）百毒杀喷雾消毒法　百毒杀是含有溴离子的双键四级胺化合物，对细菌、病毒、霉菌等均有消毒作用，没有腐蚀性和毒性。其消毒剂量：孵化机与种蛋的消毒，可在每 10 升水中加入 50% 的百毒杀 3 毫升, 可喷雾或浸渍。

(4) 过氧乙酸消毒法 过氧乙酸是一种广谱、高效杀菌剂, 能杀灭细菌、芽孢、霉菌和病毒, 且具有消毒时间短, 使用浓度低, 操作方法多 (喷雾、熏蒸、浸液均可) 优点。缺点是其性质极不稳定, 还有一定的腐蚀性及刺激性。一般按每立方米浓度为 20% 过氧乙酸 80~100 毫升, 再加高锰酸钾 8~10 克, 进行熏蒸消毒。消毒后排出气体。

(5) 过氧化氢消毒法 使用浓度低, 但具有较强的氧化杀菌能力, 也有物理清污作用, 对金属织物、皮肤有一定的影响。国外已广泛采用作为卫生消毒剂, 其消毒效果优于甲醛溶液。5% 过氧化氢浓度是完全消除蛋壳表面微生物的最低浓度, 如酌加稳定剂, 其有效期更长, 还可提高孵化率。

影响种蛋运输的重要因素

长途运输种蛋, 应注意以下几点。

(1) 引种证明 供种单位应开具引种证明。

(2) 种蛋箱 应设计鹅蛋专用的种蛋箱, 以瓦楞纸板箱层格式为宜, 每个鹅蛋居一格位置, 耐压又耐振动。塑料箱也可, 但要铺垫柔软稻草, 每层用瓦楞纸板隔开, 箱板封口。种蛋箱也应进行消毒。

(3) 运输工具 近途可利用长途汽车或火车运输, 长途可用火车或飞机运输。搬运时要轻拿轻放。防止颠簸与紧急刹车。

(4) 运输温度 飞机货舱能保持 20~22℃, 但夏季不要超过 26℃, 冬季勿低于 2℃。应采取有效措施防暑防冻。

(5) 种蛋检疫 应由当地卫生部门检验, 开具检疫单。

第二节 鹅蛋的自然孵化与人工孵化 》》

　　鹅蛋的孵化方法可分为自然孵化法与人工孵化法两类。人工孵化法又可分为民间传统孵化法、电机孵化法及简易孵化法三类。

自然孵化法

　　自然孵化是具有就巢性鹅的本能，迄今仍为广大农户自繁自养的主要手段，为保存良种和发展家庭养鹅业，起到了积极作用，为广大农民奔小康作出了巨大的贡献。根据江苏省句容四季鹅的天然孵化经验，介绍如下：

1. 自然孵化的特点

　　自然孵化设备简单，费用低廉，管理方便，孵化效果较好。有些大户已采用母鹅轮流孵化，以期尽量保持母鹅体重，早日醒抱，尽快恢复下一个产蛋周期。

2. 就巢母鹅的选择

　　四季鹅有较强的就巢性，一岁以上的母鹅已有就巢的表现，只要连续三天蹲空窝，将其他母鹅产的蛋盘在腹下，且有羽毛耸立、喷气吓人、啄人手等就巢行为时，便可直接选择为抱窝母鹅。当年母鹅虽有就巢行为，但仍需用假蛋或无精蛋 2～3 个试一下，如几天内能坚持抱窝，则可投放种蛋供其就巢孵化。必须留有后备孵化的母鹅，以应不时之需。

3. 孵蛋前的准备

按种蛋要求选好种鹅蛋，并逐只编号，注明日期与批次，以便日后管理。孵蛋的巢可以用稻草编扎而成，也可用柳条箩筐代替。孵巢直径约 45 厘米，高度适中，以便于孵化管理。孵巢底部铺垫干燥、清洁和柔软的垫草，厚薄适宜，使巢底铺成凹锅形。每巢可孵鹅蛋 11～12 个，可在夜里将就巢母鹅放入孵巢内，在黑暗的环境下，母鹅能安心就巢。

4. 孵化期的管理

（1）人工辅助翻蛋　就巢母鹅利用喙、趾爪、两翼进行翻蛋。一般在入孵 24 小时后应每天定时辅助翻蛋 2～3 次，并及时作好记录，以免重复或遗漏翻蛋工作。翻蛋时，应先将母鹅从孵巢内移开，然后巢内的蛋把边蛋与心蛋对换，面蛋与底蛋对换。最好用红笔在蛋的纵向画一条线，以便翻蛋时能翻大角度，翻好后再将母鹅移入巢内即可。

（2）定期进行照蛋　一般在孵化过程中要进行 2～3 次照蛋，取出无精蛋和死精蛋，并观察胚胎发育的情况。照蛋后要及时并巢，多余的就巢母鹅则进行醒抱或孵化新蛋用。头照在入孵后 7～8 天，二照为 15 天，三照在 27～28 天进行。

电机孵化法

电机孵化又称电气孵化。它具有适应集约化、工厂化生产的优

点，而且孵化量大，质量好，可以满足市场各方面需要。其操作程序如下：

（1）制定孵化计划　根据育种计划，生产计划或合同，并根据孵化与出雏能力，种蛋数量以及市场情况，订出孵化计划，无特殊情况一般勿轻易更动。订计划时，尽量把费力、费时的工作（如入孵、照蛋、落盘、出雏等）错开。按照本场情况，决定分批入孵还是整批入孵，有条件时可实行分组作业（码蛋、入孵、照蛋、落盘、出雏、雌雄鉴别等作业组），以提高工作效率。

（2）准备孵化用具用品　孵前一周应将有关用具、用品准备齐全，如温度计、湿度计、照蛋器、消毒用品、防疫注射器、记录表格、易耗元件、电动机、马达皮带等。

（3）验表试机　检验孵化设备各机件的性能，并试机 2～3 天，发现问题要及时解决。

（4）孵化机消毒　通常采用甲醛熏蒸消毒法。每立方米空间用甲醛 14 毫升，高锰酸钾 7 克，烟熏 30 分钟。

（5）入孵前种蛋预热　预热可使从蛋库运至孵化室的种蛋表面凝水蒸发，又使蛋从 12～18℃升至室温 22～27℃，可以防止孵化机内正常温度陡降，有利于胚胎的发育。可以预热 12 小时。我国传统孵化法有晒蛋习惯，其作用也是提高蛋温，也利于日光中紫外线进行消毒。

（6）码盘入孵　将种蛋码在孵化盘上称码盘。国外利用真空吸蛋器码盘，国内鹅蛋仍采用手工操作。根据孵化制度按期操作与入孵。入孵时间一般多在下午 4～5 时，这样有利于白天大量出雏，从第二天开始算第一天胚龄。也有在当天上午 10 时入孵的，则当天便按第一天胚龄计算，但出雏时间在晚上。

（7）温度调节　传感器或仪表经校正后，即可启用。温度根据气温、孵化制度而定。根据说明书与培训技术进行矫正与调整。并通过看胎试温原则进行调温。孵化室的室温将直接影响孵化机内的温度，应要求室温为 22～27℃。寒冷季节，室内应增温；夏季应降温。

（8）湿度调节　现代化孵化设备由传感器控制加湿系统，能在超温而紧急排风的同时增湿弥补排出的湿度，一旦温度正常，能恢复正常供湿机制。很多自制的或增湿机制欠完善的孵化设备，可以增加水盘，必要时（特别在湿度低，又处于出雏阶段）可以添加热水，以迅速提升湿度。

（9）翻蛋　应按孵化制度制定翻蛋的间隔时间、翻蛋的起始时间、翻蛋的角度等。手工翻蛋要轻巧，防止震动。遇到停电时，在可能条件下仍须翻蛋。鹅蛋入孵位置应钝端向上斜放或平放，实践证明可提高"合拢"率。而且平放还有利于稠蛋白通过浆羊膜道进入羊膜腔，故"封门"胚蛋比率高于大端向上竖放位置。

（10）捡雏　在成批出雏后，应每 4 小时捡雏一次。也可以在出雏30%～40%时捡第 1 次，60%～70%时捡第二次雏，最后再捡雏一次并"扫摊"（或"扫盘"）。出雏蛋架车应在出雏 75%～80%时捡第一次雏，捡雏时动作要轻、快，尽量避免碰破胚蛋，同时捡出蛋壳，以免套住其他蛋而影响出雏。每次捡雏后都应加湿，以弥补啄壳后蛋内水分蒸发量，同时防止雏鹅绒毛粘壳而影响出壳。

（11）人工助产　对已啄壳但无力自行破壳的雏鹅进行人工出壳，称人工助产。一般在大批出雏后，将蛋壳膜已枯黄的胚蛋，可轻轻剥离粘连处，把头、颈、翅拉出壳外，令其自行挣扎出壳。但壳膜湿润发白的胚蛋，不可人工助产。

（12）清扫消毒　出雏完毕，首先捡出死胎（"毛蛋"）和残、死雏，并分别登记。然后对出雏机、出雏室、出雏盘等进行彻底清扫消毒。孵化场的废物应专门集中深埋或焚烧。

民间传统孵化法与简易孵化法

我国广大农村传统孵坊的师傅以及有关科技人员，在实践中摸索出了一系列的孵化方法，具有耗能少，成本低，易于操作与管理的特点，为我国养禽业的发展起了促进作用。现介绍几种孵化设备及其使用方法。

1. 平箱孵化法

为江苏省溧阳县食品公司首创，与缸孵结合，后又经各方面的改进，成为农村孵坊常用的孵化设备的主力军。

（1）平箱孵化法的优越性

①减轻了繁重的体力劳动，过去缸孵操作烦琐，劳动时间长，劳动强度特别大。

②操作简便，缸孵法要很长的时间才能掌握，而平箱孵化只需半年就可掌握并能独立操作。

③减少了种蛋的破损，节省燃料。平箱比缸孵要减少破蛋2.5%以上，燃料要节省25%左右。如改电作为热源，既节约卫生又好调控。

④孵化率高于缸孵。平箱结构合理，温差小，胚胎发育均匀度好，可达到较高的孵化率。

（2）平箱构造　平箱并无统一标准，是在缸孵的基础上改造的，即为一个小型立体孵化机安置在缸上。平箱高157厘米，宽深为96厘米，箱体用四根157厘米长、5厘米见方的木料做支柱。

箱体四壁和门用纤维板做成，板与木框连接处用皮纸（3～4层）紧贴而成，纤维板夹层填充保温材料（棉花、玻璃纤维、碎泡沫塑料等），约需127厘米×65厘米的纤维板八张，木料0.15立方米。箱身内部为转动式的蛋架，即将七层蛋架连在一起，上下装活动轴心，以代替转筛。蛋架上面六层做蛋筛支档，底层用来放匾或隔温板。热源部分四周用土坯砌成，底部用三层砖防潮，内部四个角用泥土抹成圆形炉膛，正面留一椭圆形火门（高25～30厘米，宽35厘米）。可用木炭做燃料，也可用电热板。箱门分三叠式的左右两扇门，中间上下两扇。还需竹筛（外径76厘米、高8厘米）、竹匾、翻蛋架、温度计、加碳用勺和刀、摊床设备等。

（3）平箱的操作　平箱孵化法操作主要包括以下步骤：

①检查，清理、维修、校正有关设备仪器。

②涂蜡，木架涂蜡使其润滑转动。

③试温，对平箱关门升温，需达45.6℃以上，注意缝隙的修补。

④按常规标准进行选蛋，码蛋。

⑤入孵、调温。码蛋后，将蛋筛放进箱内关门、塞上火门，慢慢升温，箱温达38～38.3℃时，进行第一次调筛，箱温达38.9℃时，进行第二次调筛并翻蛋。每40分钟需检温1次。蛋温达38.9～39.4℃时进行第三次调筛翻蛋。经过三次调筛、两次翻蛋后，蛋温一般可达均匀，中间蛋筛也达38.3～38.9℃，此即俗称的"做匀"。此期采取火门松开、盖炭灰使温度保持39.4～40℃。从升温到"做匀"须经15小时（下午3～4时入孵，匀温在第二天6～7时）。如温度低，则增加木炭、箱上加盖棉被、升高室温等。看胎施温，达到正常胚胎发育所需温度后，关火门或盖炭灰，待孵蛋到了能自身产温时，应关火门。掌握好孵化温度是关键，不能超过温度警戒线，对鹅蛋更要注意，施温正负不超过1℃。

（4）摊上出雏　平箱孵化后期一般都在摊床上出雏。如孵化量较少，也可在平箱内出雏。上摊前孵蛋胚蛋"合拢"正常，上摊后温度按正常掌握。如胚胎发育较快或较慢，则摊床的温度就应稍低

或稍高一些。

（5）出雏　每两小时捡雏1次，防止相互挤堆在一起压死或"出汗"。一定要待雏鹅绒毛基本干了才能取雏，放入雏鹅箱或竹篮内，上盖薄被保温。一般平箱的出雏率在95%以上。

（6）湿度问题　平箱可在上一层铁板上的中间圆洞口，放只小瓷盆或水盘，通过水分蒸发增加箱内湿度。要确保水盘不脱水，保持相对湿度65%左右。

2. 电火两用温室孵化法

它是利用室内烧炕散热并通过水银导电表控温来孵化的方法。它既克服了电孵机因停电而影响孵化的缺点，又解决了炕孵法孵化温度难以掌握的问题，且具有取材方便，制造简单，造价低廉，省劳力，孵化率高等优点，对无供电保证的孵化专业户特别适用。

（1）孵化设备及用具

①温室。温室要求保温性能良好，外墙可采用24厘米空心砖墙，内填锯末保温，室内面积约20米，墙壁设有通气口，门口最好建门斗，以缓冲冷空气进入。室内地面搭圆盘式地炕。其建造方法是：在室外低于地平面的墙边修一火炉，烟道由地下通入圆盘炕的中心，烟由中心升入散热器内，由散热器顶部反射下来进入圆盘炕的烟道，由内向外盘旋而出，从最外圈叉开通入墙角砌的烟囱。因所走烟道长且呈盘旋状，故烟囱要高，以增加气压差。火道间隔由立砖制成，上铺红砖并用石灰或水泥砂浆勾缝。圆盘炕中心口扣一铁皮制成的密闭式散热装置。

②孵化架。按八角式孵化机的结构用钢材制成孵化架。架中心穿一直径8厘米的钢管，作为翻蛋轴，平放时，架底距地面50厘米。孵化盘以木板为框架，穿以直径2毫米的铁丝制成。

③其他用具。电子继电器及水银导电表一套，2～3千瓦电炉4只（可用电热管代替），水盆若干，温、湿度计各2只。

（2）控温试验　先将孵化架固定好，门、窗、通风口密闭，然后烧炕升温。在不用电炉补温的情况下，若靠地炕散热能使室温升至30～35℃，则圆盘炕的性能较佳。试温后，将水银导电表放在离地1～1.5米的适当位置，各墙角放一电炉，4只电炉通过交流接触器接在电子继电器及水银导电表上，电子继电器接电源。将导电表调到孵化所需的温度，然后烧炉升温，当室温约30℃时，接通电源，靠地炕散热与电炉补热使室温升至孵化温度。当室温达到导电表控制的温度时，电炉即断电；当低于所控制的温度时，电炉接通。温室的主要热源来自地炕，通过地炕的散热以及4个角电炉的补温，能使室内各点温度基本一致。一旦停电，可采用加大炉火等办法来保温，一般不会明显影响胚胎发育。

3. 温室孵化法

温室孵化法是在传统孵化法的基础上，运用电孵箱的构造原理而形成的一种孵化方法。它具有设备简单，操作方便，不受电源限制，温度比较平稳，孵化量大，孵化效果较好等优点，适于大中规模孵化用。

（1）孵化设备的准备

①温室的构造。将温室分成内外两间，内间作孵化房，外间作摊房。孵化房要设门窗和出气口，房内用草席或油毡纸做个简易顶棚。温室四周用土坯砌成内径宽20厘米、高30厘米的地下火道。火道靠墙一面，离墙15～20厘米。修火道时应注意使火道呈缓上坡形，屋角的拐弯处要圆滑（避免直角），这样出烟比较顺利，火道上面铺设炕面或铁皮。炉灶设在外间，在地面下1米左右。炉膛大小视温室面积及室温大小而定，高度在40～50厘米。通过温室的火口

基本与地面平行。火道的出口处要直接与烟囱连接，烟囱应高于屋脊，在烟囱的基部要挖一个直径 1 米的瓮形坑，便于烟道畅通。有电源的地区，可在温室内安装 1 ~ 2 组 500 瓦电热丝和温度调节装置，这样室温更易控制，操作更加方便。

②盛蛋木架。蛋木架的数量视温室大小而定，一般可放 3 ~ 4 个。每只木架高 110 厘米，宽 90 厘米，两内侧钉上 10 条 5 厘米左右的木方条做抽屉横档，条距 10 厘米。木架中部通一条木横轴，两端呈圆形，露出木架外，悬挂在 2 根埋地的木桩上。木桩直径 20 厘米左右，露出地面 1.2 米，埋入地下的高度 0.8 ~ 1 米。木桩上端呈"U"字形以支撑木架。在木架上部钻有与盛蛋木架两底角和底部中点相对应的销眼。当木桩销眼与木架中点销眼用铁销相连时，木架处于垂直状态；当与木架两底角的其中一角销眼垂直时，木架呈倾斜状态，起到翻蛋作用。木架底层离地面 65 厘米。木架两外侧用板条钉牢，另两侧分别用长 115 厘米、宽 6 厘米、厚 5 厘米的腰杠各一条，其下口固定，上口用铁链相连，使架内盛蛋盘不致滑落。

③蛋盘。每个盛蛋木架一般可装 20 只蛋盘，蛋盘的尺寸如下：长 84 厘米，宽 45 厘米，高 4.5 厘米。蛋盘由 10 根木条钉成，木条呈菱形，上缘宽 1.3 厘米，下缘宽 3.5 厘米，每只蛋盘可容纳鹅蛋 120 ~ 150 枚。

④其他用具。水盆、棉布帘、摊床、温度计、干湿球温度计。

（2）操作步骤

①试温。入孵前 2 ~ 3 天，要对温室的火道、门窗及盛蛋木架的腰杆是否拧紧等进行检查，并要生火试温。在盛蛋木架的上、中、下各层用数支温度计同时测量各层温度，以掌握温差，为以后孵化提供参考。

②入孵。入孵前，先将火烧旺，使室温达到 45℃，然后添碎煤

把火焖起来，保持微小的火苗，并观察室温维持时间和降温速度。当室温基本稳定在 4℃ 时，便可使种蛋大头朝上，紧紧排列在蛋盘内。所有蛋盘装好后，一次放入孵化室，安装在盛蛋木架内。上蛋时，既可采用一次性入孵，也可分批入孵。

③调温。温室内温度要以蛋面温度为依据，一般要求孵化房的温度保持在 38.5～39.5℃，蛋面温度要求达到 37.5～38.5℃。入孵开始时，室温应调至 41℃ 左右，由于鲜蛋大量吸热，室温很快下降，孵化 2～3 天后，室温逐渐稳定在 37.5～38.5℃。入孵过程中，要定期翻蛋、调盘和凉蛋，并要注意通风换气。若分批孵化，可在孵化第五天将第一批种蛋移至后一排盛蛋木架上，同时将蛋盘位置和方向调换，腾出来的木架继续入孵第二批种蛋。第一批种蛋入孵第九天后，由于有了一定的自温，需从中间的木架移至布帘外最后的木架。从第十天起，第二批种蛋重复第一批种蛋的孵化操作过程——将种蛋移至中间木架进行调盘，同时上第三批蛋。第十五天将第二批种蛋移往布帘外的木架上，第三批种蛋移至中间 2 个木架上，随后上第四批蛋。第一批种蛋在第十三天后可以上摊。摊房温度视摊的大小及种蛋的多少而定，摊小蛋多可适当降温，摊大蛋少可适当升温。摊房温度一般较孵化房略低，33～34℃，蛋面温度保持37.5℃，如温度不足，可在种蛋上覆盖 1～2 层纱布。但应注意避免温度超出 39℃。种蛋上摊后，每 8 小时翻蛋 1 次。

4. 桶孵法

由于孵化初期用炒谷为热源，又通称炒谷孵化法。华南、西南各省普遍采用。桶孵法主要优点是利用蛋孵蛋，可节约能源，设备简单、孵化量大、成本低廉，对广大农村发展养殖业具有重要作用。

前期孵化器具是用竹桶或木桶（俗称炉桶），内壁糊纸，底部填谷壳。种蛋用麻布或网袋包裹，初期热源是炒热稻谷，用麻布包裹

或用砂纸盛载。种蛋入孵前需先晒蛋或焙蛋加热，然后炒热稻谷放在2层桶底，再将种蛋与热谷相间分层放入桶内至顶层蛋面上又放热谷2层。每天经过2次调桶更换成热谷，上下对调蛋层顺序和加减桶面覆盖物以调节孵化的温度、湿度和换气。

一般经过14~16日入孵4~5批胚蛋（每3日入孵一批）之后，首批日龄长的胚蛋所产生的热量能满足新蛋胚胎发育的需要时，就可进入自温孵化，即老蛋孵新蛋。此时将各批不同日龄的胚蛋间隔排列放置桶内孵化。每天需进行调桶，即由上至下更换蛋层2次。自温孵化期内，蛋层排列、蛋数变化、加减覆盖物是孵化过程的关键性操作环节，需凭经验灵活掌握。

5. 缸孵法

主要分布于长江中下游各省。前期孵化器具是用稻草和黏土制成的土缸，中间放置铁锅，上层放竹编的箩筐，内盛种蛋，盖上稻草编成的缸盖保温，下层是缸灶，设有灶口。热源是用木炭作燃料供温，温度的调节主要是通过控制炭火的大小、灶门的开闭和缸盖的揭覆来实现的。每天要定时换箩，把箩内上下、内外的种蛋位置相互对调，以调节温湿度和换气。胚蛋在缸内给温孵化至13~14日龄时可上摊床自温孵化。

6. 嘌蛋技术

嘌蛋是我国传统孵化法中的一个技术特色，水禽蛋多用，它集孵化、运输与出雏为一体。所谓嘌蛋，就是把将近落盘时期的活胚蛋，借助于人工技术，从孵化地运送到另一个地方出雏。借此代替雏禽运输，具有管理方便、节省人力物力和运输费用等优点。特别是在路程遥远、开食前不能到达目的地的，可用嘌蛋方法解决。

（1）嘌蛋季节　一般多在春末夏初时期运输，较适宜的温度为

20～30℃。如运输保温和管理良好的条件下，可以全年嘌蛋。

（2）嘌蛋用具 装鹅胚蛋多用"鸭篮"、竹篮或柳条框。鸭篮底铺上三厘米厚的柔软垫草（稻草），每篮可放鹅蛋80～120个。天冷时篮内糊纸，加盖棉被，备用两只空篮作翻蛋用。

（3）嘌蛋方法

①翻蛋。每天定时翻蛋2～3次上下调动位置，防止上层蛋和边蛋受凉，又要防心蛋和底蛋受热。

②保温。夏季蛋篮全部敞开，必要时向蛋面喷水，使热量充分散发而降温。嘌蛋温度宜保持20～30℃。在途中应掌握好温度、湿度和通风。

③照检胚蛋。途中应抽检胚蛋，到达目的地应照检一次孵蛋，剔除死胚蛋，然后按常规处理人出雏机或上摊继续孵化出雏。

④迟到目的地。因故未能如期抵达目的地，应适当降温，减缓破壳速度。如中途出雏，则按出雏期管理。

（4）启程日期 应据路程，预定好车船票，以出雏期到达目的地为原则。

第三节 孵化的检查技术与质量分析 〉〉

种蛋在孵化过程中，通过照蛋、称蛋重、解剖以及啄壳出雏时的一系列检查，可及时发现胚胎发育是否正常，了解胚胎死亡情况。一旦发现胚胎发育异常或死亡，就应认真地分析其原因，并采取相

应的措施，以提高孵化效果和经济效益。

照蛋方法与正异常蛋的区分

1. 照蛋方法

照蛋是利用蛋壳的透光性，通过阳光、灯光透视所孵的种蛋。照蛋的用具设备可因地制宜，就地取材，视具体情况而定。最简便的是在孵化室的窗或门上，开一个比蛋略小的圆孔，利用阳光透视。其次是采用方形木箱或铁皮圆筒，同样开孔，其内放置电灯泡或煤油灯。将蛋逐个朝向孔口，稍微转动对光照检。目前，多采用手持照蛋器，也可自制简便照蛋器。照蛋时将照蛋器透光孔按在蛋的大头下逐个点照，顺次将蛋盘的种蛋照完为止。此外，还有装上光管和反光镜的照蛋框，将蛋盘置于其上，可一目了然地检查出无精蛋和死胚蛋。

为了增加照蛋的清晰度，照蛋室需保持黑暗，最好在晚上进行。照蛋之前，如遇严寒应加热，将室温提高至 28～30℃。照蛋时要逐盘从孵化器中取出。照蛋操作力求敏捷准确，如操作过久会使蛋温下降，影响胚胎发育而延迟出雏。

2. 照蛋次数

种蛋在孵化期中，照蛋的次数视孵化场的规模、孵化机类型以及照蛋器的类型而定。通常使用平面孵化机容蛋量较少，可分头照、二照和三照 3 次。立体式大型孵化机容蛋 1 万多个，头照、三照两次全照，二照时只抽样检查尿囊膜是否在蛋的小头"合拢"。

至于巨型巷式孵化机，它的孵蛋量更多，孵化条件比较稳定，如种蛋新鲜，受精率较高时，只在胚蛋转移到出雏机时进行一次照蛋。这种做法可减少蛋的工作量和破蛋率，但是不能及时剔除无精蛋和死胚蛋，往往引起死胚蛋变质发臭，污染孵化机，所以，在生产上头照还是十分必要的。

3. 正常蛋与异常蛋的区分

各次照蛋时胚胎发育的特征（通称蛋相标准），头照俗称"起珠"或"双珠"，二照称"合拢"，三照称"闪毛"。若75%以上胚蛋符合标准要求，只有少数胚蛋稍快或稍慢，死胚蛋占受精蛋数总数的比率头照为3%～5%、二照为2%～4%、三照为2%，就说明孵化条件掌握得当，胚胎发育正常。如果只有少数胚蛋符合要求，死胚蛋的比率低，这说明孵化温度偏低。如果绝大多数胚胎发育超过标准要求，而死胚蛋在同一日龄中显著增多，这是短期超温所致。相反，胚胎发育绝大多数未达标准要求，这说明孵化温度偏低，造成胚胎发育缓慢。照蛋出现胚胎发育不正常、死胚率差异显著的现象，说明温度太高或太低，应立即采取措施升温或降温。调整温度幅度的大小应根据胚胎发育快慢程度而定。如属于机内局部超温应采取补救措施，排除温差，同时注意相应地调节湿度和通气。

失重率与胚胎正常发育的关系

种蛋在孵化过程中，由于蛋内水分的蒸发，蛋重会逐渐减轻，减重程度与湿度大小密切相关，同时也会受到其他因素的影响。种蛋孵化过程的失重表现为前快、中慢、后快。失水率随胚龄延长而增加，二者呈正相关关系。鹅胚蛋的失水率通常为：5胚龄1.5%～2.0%，10胚龄3%～5%，15胚龄6%～8%，20胚龄9%～10%，

25胚龄11%~12.5%。可通过胚蛋失重大小来判断孵化条件及胚胎发育是否正常，入孵之前，将蛋盘称重，然后装上种蛋后再次称重。在总重量中减除蛋盘的重量即入孵时的重量（计算平均蛋重）。

如孵化的种蛋数量少，可随机抽取50~100个，做上记号，称重并算平均蛋重。入孵蛋多可按5%~10%比例进行抽测。以后定期称重时应减去无精蛋和死胚蛋数，求得活胚蛋的总重计算平均蛋重。先算出本次称重所减轻的百分率，然后根据鹅胚蛋在孵化期中的减重率进行核对，检查是否相符。如不相符，应根据失重率相差的高低幅度来调整孵化设备的湿度。有经验的孵化师傅，只要检查气室大小就能判定孵化湿度及胚胎发育是否正常。

啄壳、出雏的状态和雏鹅的质量观察

（1）啄壳和出雏的观察　胚蛋转移出雏机后至出雏时，要观察胚胎啄壳和出雏的时间、啄壳状态、大批出雏及最后出雏时间是否正常。壳被啄破，但幼雏无力将壳孔扩大，这是因为温度太低、通风不良或缺乏B族维生素所致。啄壳中途停止，部分幼雏死亡，部分存活，这可能是孵化过程中，种蛋大头向下、转蛋不当、湿度偏低、通风不良、短时间超温、温度太低这类原因造成的。正常的出雏时间从开始出雏至全部出雏约持续35小时。如果出雏时间正常，啄壳整齐，出壳雏鹅大小强弱比较一致，死胎蛋占6%~10%，那么可说明种蛋的品质优良，孵化的温度、湿度、通风、转蛋和凉蛋等孵化条件掌握正确。如果出雏时间提早，幼雏脐部带血，弱雏中有明显"胶毛"现象，死胎蛋超过10%，但二照时胚胎发育正常，则可能是二照之后温度过高或湿度太低所致。相反，出雏时间推迟，体质差、腹大、脐环凸起的弱雏较多，死胎明显增加，但二照时胚胎发育正常，这可能是二照之后温度偏低、湿度偏高所致。出壳时间拖延很长，与种蛋贮存太久，贮存不当，大小蛋、新旧蛋混在一起入孵、孵化过程中温度维持在最高界限或最低界限的时间过长及通风不良有一定关系。

（2）雏鹅的观察　雏鹅出壳后，应注意观察初生雏鹅的活力、结实程度、体重、蛋黄吸收情况以及绒毛色泽、整洁和长短程度等。若是种蛋品质优良、孵化条件良好、胚胎发育正常，则雏鹅体格健壮，精神活泼，体重合适，绒毛整洁、色泽鲜艳、长短合适，脐环闭合平整、腹部收缩良好。此外，还要注意雏鹅有无躯肢畸形、瞎眼、弯喙、卷趾、脐环闭合不全，蛋黄是否全被包入腹腔内，骨骼有否异常弯曲以及脚麻痹、站立不稳等情况。幼雏黏蛋白，是由于温度偏低、湿度太高、通风不良造成。幼雏与壳膜粘连，是因为温度高，种蛋水分蒸发过多，或湿度太低，转蛋不正常所致。脐部收缩不良、充血，是由于温度过高或温度变化过大、湿度太高、胚胎受感染所致。幼雏腹大而柔软，脐部收缩不良，是因为温度偏低，通风不良，湿度太高所致。胎位不正，畸形雏多，原因是种蛋贮存过久或贮存条件不良、转蛋不当、通风不良、温度过高或过低、湿度不正常、种蛋大头向下、用畸形蛋孵化、种蛋运输受损等。

死胚、死胚蛋的剖检与出雏后蛋壳的检查

（1）死胚的剖检　剖检死胚可以查明胚胎死亡的原因。种蛋品质不良和孵化条件不适当时，死胚往往出现许多病理变化。因此每次照蛋后，特别是最后一次照蛋和出雏结束时，如胚胎死亡数超出正常死亡数，应将死胚进行解剖。检查死胚外部形态特征，判断死亡日龄，然后剖检皮肤、肝、胃、心脏、肾、胸腔、腹腔以及气管

等组织器官，注意其病理变化，如贫血、充血、出血、水肿、肥大、萎缩、变性以及畸形等，从而分析其致死原因。

（2）死胚蛋的剖检 在孵化过程中，若没有观察胚胎发育情况，当出雏时发现孵化成绩下降，可通过死胚蛋的解剖进行诊断，查明原因。方法如下：随意取50个死胚蛋煮熟后剥壳观察，如部分蛋壳被蛋白粘住，表明尿囊没有合拢（凡是不合拢的部位其蛋壳必然被蛋白粘住），也说明胚胎发育不正常引起后期吸收不良。这是孵化前期即在孵化机里胚龄18天前出的毛病。如果蛋壳整个都能剥落，表明尿囊合拢良好。是后期的毛病。如果死胚浑身裹蛋白，是在18～22天时出的毛病，因为25天左右的胚龄时，其蛋白应全部吞完。如死胚身上已无蛋白，那是25天到出壳期间温度掌握不当，特别是偏高产生的毛病。如出雏时温度偏高，常出现"血嘌"（啄壳部位淤血，是由于鹅胚受热而啄破尚未完全枯萎的尿囊血管出血所致）、"钉脐"（肚脐有黑血块，因鹅胚受热而提前出壳，尚未枯萎的尿囊血管的血淤在肚脐处）、"穿嘌"（挣扎呼吸，喙部突出）、"拖黄"（肚脐处拖有尚未完全进入腹中的卵黄）、"吐黄"（啄壳部位破裂的卵黄囊中的卵黄往外淌，雏鹅挣扎而弄破卵黄囊所致）等现象。凡是蛋白吸收不良的死胚蛋，都有"裹白"、"吐清"（啄壳部位没吸收完的蛋白往外淌）、"胶毛"（出壳雏鹅的绒毛被蛋白粘连）等现象。

（3）出雏后蛋内残留物检查 检查出雏后蛋内残留的尿囊、胎粪和蛋壳内壳膜，如发现有红色血样物，则表明湿度不够。适当地喷些水将有利于出壳，因为正常温湿度条件下，出壳后蛋壳内壁是很干净的。

第六章

鹅的饲养管理

科学合理的饲养管理技术是种鹅无公害饲养的关键环节。不同日龄的种鹅，其生长发育特点、营养需要、对环境条件的适应性等各异，因此，对不同生长阶段的种鹅应采用不同的饲养管理措施。一般分为如下几个阶段：雏鹅、育成鹅、繁殖鹅、休产鹅。

第一节 雏鹅的饲养管理 ≫

雏鹅的培育是养鹅生产中非常重要的生产环节，一般将前28天以内的时间划为育雏期。雏鹅饲养管理的好坏，直接影响其生长发育和成活率，继而影响育成鹅的生长发育和种鹅的繁殖性能。因此，此期间饲养管理的重点是培育出生长发育快、体质健壮、成活率高的雏鹅，为发挥出鹅的最大生产潜力，提高养鹅生产的经济效益奠定基础。

育雏设备的准备与鹅舍预温

育雏前的准备工作包括育雏室、育雏设备的准备和检修，房舍、用具等的清扫消毒，饲料、药物、疫苗等的准备及鹅舍预温等工作。

（1）育雏室、育雏设备的准备和检修　进雏前对育雏室进行全面检查，检查育雏室的门窗、墙壁、地板等是否完好，对有破损的墙壁和地板要及时修补，堵好鼠洞，严防贼风。照明设备必须完好，灯泡个数和分布按 3 瓦/米的照度安排设置。准备好育雏用具，如竹筐、塑料布、竹围、料槽（盘）、饮水器等，在育雏前应将其洗干净，晒干备用。同时也应准备好育雏用的保温设备，包括竹筐、保温伞、红外线灯泡、纸箱、饲料、垫料（稻草、锯末或刨花）以及水槽等。

（2）育雏室、育雏设备的消毒　育雏室的清洗消毒和环境净化是养鹅场重要的卫生防疫措施。育雏之前，应先对育雏室内外进行彻底清扫并消毒。育雏室和育雏用具可用新洁尔灭喷雾消毒，墙壁、天花板可用 10%～20% 的生石灰喷洒消毒，地面用 10% 的硫酸加苯酚溶液喷洒消毒，喷洒后应关闭门窗 1 小时以上，然后打开，使空气流通。育雏用具也可用 2% 的氢氧化钠溶液喷洒或洗涤，然后清洗干净。育雏室出入处应设消毒池，进入育雏室人员随时进行消毒，严防病菌带入。

（3）鹅舍的预温　检查育雏室的保温条件，进雏鹅前 1～2 天，鹅舍的温度应达到 28～30℃。地面或炕上育雏，应铺上 10 厘米厚的垫料。

几种常用的育雏方式

（1）地面平养育雏　鹅舍最好为水泥地面，地面铺上 3～5 厘米厚的垫草，将雏鹅饲养在垫草上或者是在地势高燥的地方饲养。这种饲养方式适合鹅的生活习性，增加雏鹅的运动量，减少雏鹅啄羽的发生。但这种饲养方式需要大量的垫料，并且容易引起舍内潮湿，因此，一定要保持舍内通风良好，应及时更换潮湿的垫料，3～5 天后，应逐渐增加雏鹅在舍外的活动时间，以保持舍内垫草的干燥。

（2）网上平养育雏　将雏鹅饲养在离地 50～60 厘米高的铁丝网

或竹板网上（网眼1~1.25厘米）。此种饲养方式的优点是雏鹅的成活率较高，在同等热源的情况下，网上温度可比地面温度高6~8℃，而且温度均匀，适宜于雏鹅生长，又可防止出现雏鹅打堆、踩伤、压死等现象，同时减少了雏鹅与粪便接触的机会，减少了球虫等疾病的发生，从而提高了成活率。网上饲养的密度可高于地面饲养。

（3）地面平养和网上平养结合　将5~7日龄内的鹅采用网上平养，以后转入地面平养。这种方式，既能满足幼龄雏鹅对温度的要求，提高成活率，又可避免因长时间网上饲养引起雏鹅啄羽等不良现象。

（4）笼养　初生雏鹅个体小，5~10日龄前可采用鸡的育雏笼保温育雏。笼养技术目前在养鹅生产中未广泛使用，是今后值得探讨的课题。

雏鹅的选择与饲养管理

1. 雏鹅的选择与分群饲养

为了保证良好的饲养效果，必须对雏鹅进行严格的选择。作为健雏则要求外貌特征符合品种特征，出壳时间正常、体质健壮的雏鹅，体重大小符合品种要求，群体整齐；脐部收缩良好，绒毛洁净而富有光泽；脐部被绒毛覆盖，腹部柔软；抓在手中挣扎有力，感觉有弹性。弱雏则表现为体重过小；脐部突出，脐带有血痕；腹部较大，卵黄吸收不良，腹部有硬块；绒毛蓬松无光泽，两眼无神，站立不稳，挣扎无力等。雏鹅的选择时间最好在出壳后12~24小时为宜，这时雏鹅的绒毛已干燥，能站立活动。

根据出雏时的强弱大小进行分群饲养，每群100只左右；3周龄后可以并群饲养，每群 300～400 只；饲养中还要注意根据鹅只的生长发育和大小、强弱不断整理鹅群，使每群鹅大小、强弱尽量一致，以便饲养管理。

在育雏过程中，发现食欲缺乏、行动迟缓、体质瘦弱的雏鹅，应及时挑出来，单独饲喂，再加上精细的管理，便可提高育雏期的成活率。

2. 雏鹅的运输工作

雏鹅的运输以在孵出后 8～12 小时到达目的地最好，最迟不得超过 36 小时。在冬季和早春时节，运输途中应注意保温，勤检查雏鹅动态，防止雏鹅打堆受热，绒毛发湿（俗称"出汗"）。夏季运输过程中防止日晒雨淋，防止雏鹅受热。运输途中不能喂食，如果路途距离较长，设法让雏鹅饮水，可在每千克水中加入多维 1 克，以免引起雏鹅脱水而影响成活率。装运前，用具应先进行曝晒和消毒。装运时，严防拥挤，既要注意保温，同时又要注意通风。雏鹅运到后，先让其充分饮水后，再开食。

3. 雏鹅的饲养管理技术

（1）日粮配合　雏鹅的饲料包括精料、青料、矿物质、维生素、添加剂等。刚出壳的雏鹅消化能力较弱，可喂给优质蛋白质含量高、容易消化的饲料。采用全价配合日粮饲喂雏鹅，有条件的地方最好使用颗粒饲料（直径为 2.5 毫米），实践证明，颗粒饲料的适口性好，增重速度快，成活率高，饲喂效果好。随着雏鹅日龄的增加，逐渐减少补饲精料，增加优质青饲料的使用量，并逐渐延长放牧时间。雏鹅对脂肪的利用率差，饲料不宜添加含脂肪多的动物性饲料。自 4 日龄起，雏鹅的饲料中应添加砂砾，添加量 1% 左右为宜，10

日龄前砂砾直径 1~1.5 毫米，10 日龄后 2.5~3 毫米合适。每周喂量 4~5 克，也可设砂槽，任其自由采食。放牧鹅可不喂砂砾。

（2）饮水　又叫潮口，即出壳后的雏鹅第一次饮水。雏鹅出壳后 12~24 小时第一次饮水为宜。要确保饮水器不漏水，防止垫料和饲料霉变。饮水中可以添加葡萄糖、电解质和多种维生素类添加剂。雏鹅出壳时，腹腔内未利用完的卵黄可提供雏鹅 3~4 天的营养，但卵黄的利用需要水分。如果喂水太迟，造成机体失水，出现干爪鹅，将严重影响雏鹅的生长发育。雏鹅的饮水最好使用小型饮水器或使用水盘，但不宜过大，盘中水深不超过 1 厘米，以雏鹅绒毛不湿为原则。

（3）适时开食　雏鹅第一次吃料，叫开食。开食时间以出壳后 20~36 小时为宜，一般可在第一次饮水后 0.5~1.0 小时喂食。适时开食可给雏鹅提供饲料营养以满足其快速生长的需要，还能刺激食欲，促进胎粪排出，有利于提高雏鹅成活率。饲料应符合 GD13078 的要求。饲料中可以根据所饲养肉鹅品种推荐的饲养标准拌入多种维生素类添加剂。每次添料根据需要确定，尽量保持饲料新鲜，防止饲料发生霉变。随时清除散落的饲料和喂料系统中的垫料。饲料存放在通风、干燥的地方，不应饲喂超过保质期或发霉、变质和生虫的饲料。

可将饲料撒在浅食盘或塑料布上让其啄食。如用颗粒料开食，应将粒料磨破，以便雏鹅的采食。刚开始时，可将少量饲料撒在幼雏的身上，以引起其啄食的欲望。每隔 2~3 小时可人为驱赶雏鹅采食。由于雏鹅消化道容积小，喂料量应做到"少喂勤添"。随着雏鹅日龄的增长，可逐渐增加青绿饲料或青菜叶的喂量，可以单独饲喂，但应切成细丝状。

（4）饲喂次数和方法　1 周龄内，一般每天喂料 6~9 次，约每 3 小时喂料 1 次。第 2 周时，雏鹅的体力有所增强，一次采食量增大，可减少到每天喂料 5~6 次，其中夜里喂 2 次。喂料时可以把精料和青料分开，先喂精料后喂青料，则可防止雏鹅专挑青料吃，少吃精料，从而满足雏鹅的营养需要。随着雏鹅放牧能力的加强，可适当减少饲喂次数。

（5）保温与防湿　在育雏期间，经常检查育雏温度的变化。如育雏温度过低、雏鹅打堆时，应及时轰散，并尽快将温度升到适宜的范围；温度过高时也应及时降温。随着雏鹅日龄的增长，应逐渐降低育雏温度。在冬季、早春气温较低时，7~10 日龄后逐渐降低育雏温度，10~14 日龄时达到完全脱温；而在夏秋季节则到 7 日龄可完全脱温，其具体的脱温时间视天气的变化而定。

在保温的同时应注意防潮湿。雏鹅饮水时往往弄湿饮水器或水槽周围的垫料，加之粪便的蒸发，必然导致室内湿度和氨气等有害气体浓度的升高。因此，育雏期间应注意室内的通风换气，保持舍内垫料的干燥新鲜、空气的流通以及地面干燥清洁。

（6）良好放牧　雏鹅的适时放牧，有利于增强雏鹅适应外界环境的能力，强健体质。冷天可于 8~13 日龄后开始放牧，其他季节

育雏，可于 4 ~ 5 日龄起开始放牧，选择晴朗无风的日子，喂料后放在育雏室附近平坦的嫩草地上活动，让其自由采食青草。雏鹅由舍饲开始放牧，生活环境转变大，为减少对鹅的应激，放牧应遵守循序渐进原则。开始放牧的时间要短，随着雏鹅日龄的增加，逐渐延长室外活动时间，放牧时赶鹅要慢。放牧要与放水相结合，放牧地要有水源或靠近水源。将雏鹅赶到浅水处让其自由下水、戏水，既可促进体内的新陈代谢，使其长骨骼、肌肉、羽毛，增强体质，又利于使羽毛清洁，提高抗病力，切忌将雏鹅强迫赶入水中。

雏鹅的放牧应该"迟放早收"。上午第一次放牧需待草上露水干了以后开始，否则露水打湿雏鹅腹部和腿部羽毛，气温低的季节雏鹅会因受凉引起腹泻或感冒等疾病。初期放牧每天 2 次，每次约半小时为宜，上、下午各放牧 1 次，以后逐渐延长放牧时间和距离。20 日龄后，可全天放牧，只需夜晚补饲一次。

另外，要加强放牧管理。放牧前要仔细观察鹅群，把病、弱鹅留下。放牧时要缓赶慢行，禁止大声吆喝和紧迫猛赶，一定要避免鹅惊吓和跑场。阴雨天和夏季中午烈日曝晒时要停止放牧。放牧时要观察鹅群采食情况，大部分鹅吃饱（鹅食道膨大部鼓胀起来的部位达到喉头下方时即表示鹅吃饱）后，让其下水活动，活动一段时间后驱赶上岸休息，待大部分鹅开始因饥饿而躁动时，再继续放牧，如此反复。雏鹅蹲地休息时，要定时驱赶鹅群，以免睡着时腹部受凉。收牧时要让鹅群下水洗干净，并点清鹅数，再返回鹅舍。对没有吃饱的鹅，要及时给予补饲。

（7）防御敌害 雏鹅体质较弱，防御敌害的能力较差。鼠害是雏鹅最危险的敌害。因此对育雏室的墙角、门窗要仔细检查。门窗和通风口应设置纱网，堵塞鼠洞。在农村还要防御黄鼠狼、猫、狗、蛇等危害动物，在夜间应加倍警惕，并采取有效的防护措施。

（8）防止应激 雏鹅胆小易惊，育雏期间应避免各种应激刺激。育雏室周围环境要保持安静，避免噪音刺激；控制鸟和鼠进入鹅舍，在饲养场院内和鹅舍经常投放诱饵灭鼠和灭蝇。鹅舍内诱饵注意严格控制，可在空舍时投放，使鹅群不能接触。禁止陌生人参观，饲养员严禁粗暴操作和大声喧哗。舍内光照强度不宜过大，灯泡功率不应超过 40 瓦，以鹅能看见吃料饮水为标准，否则易诱发鹅的啄癖。放牧过程中，要避免猫狗等兽类突然接近鹅群。夏季鹅舍应采取降温措施，较少或避免高温应激的危害。

第二节 育成鹅的限制和恢复饲养 》》

雏鹅养至 4 周龄时，即进入育成期。从 4 周龄开始至产蛋前截止的时期，称为种鹅的育成期，这段时期的鹅称为育成鹅。此期一般分为限制饲养阶段和恢复饲养阶段。

育成鹅限制饲养的方法

种鹅在育成期，饲养管理的重点是限制饲养。

1. 限制饲养的目的

限制饲养阶段一般从 120 日龄开始至开产前 50～60 天结束。后备种鹅经第二次换羽后，如供给足够的饲料，经 50～60 天便可开始产蛋。但此时由于种鹅的生长发育尚不完全，个体间生长发育不整齐，开产时间参差不齐，导致饲养管理十分不方便。加上过早开产的蛋较小，母鹅产小蛋的时间较长，种蛋的受精率低，达不到蛋的种用标准，降低经济收入。因此，这一阶段应对种鹅采取限制饲养，其目的在于控制体重，防止体重过大过肥，使其具有适合产蛋的体况。适时达到开产日龄，比较整齐一致地进入产蛋期。训练其耐粗饲的能力，育成有较强的体质和良好的生产性能的种鹅。延长种鹅的有效利用期，节省饲料，降低成本，达到提高饲养种鹅经济效益的目的。

2. 限制饲养的方法

目前，种鹅的限制饲养方法主要有两种。一种是减少补饲日粮的饲喂量，实行定量饲喂；另一种是控制饲料的质量，降低日粮的营养水平。一定要根据放牧条件、季节以及鹅的体质，灵活掌握饲料配比和喂料量，既能维持鹅的正常体质，又能降低种鹅的饲养费用。

限制饲养开始后，应逐步降低饲料的营养水平，每日的喂料次数由 3 次改为 2 次，尽量延长放牧时间，逐步减少每次给料的喂料量。舍饲鹅群应加大青粗饲料比例，以饲喂青粗饲料为主。日粮中还要注意补充 1% ~1.5% 的骨粉、0.3% ~0.4% 的食盐，以促进骨骼正常生长，防止软脚病和发育不良。限制饲养阶段，母鹅的日平均饲料用量一般比生长阶段减少 50% ~60%。饲料中可添加较多的填充粗料（如糠、酒糟等），目的是锻炼鹅的消化能力，扩大食道容量。后备种鹅经饲养阶段前期的饲养锻炼，放牧采食青草的能力强，在草质良好的牧地，可不喂或少喂精料；在放牧条件较差的情况下每日喂料 2 次，喂料时间在中午和晚上 9 时左右。圈养的鹅日粮中加喂 30% ~50% 的青绿饲料，注意供足清洁饮水和矿物质及维生素添加剂。

3. 喂料量的控制

注意种鹅育成期的喂料量不是一成不变的，应根据种鹅放牧采食或青饲料的供给情况而进行适当的调整。

从 8 周龄开始，每周龄开始的第一天早上随机抽取群体 10% 的个体，空腹称重，计算其平均体重，称重时应分公鹅和母鹅。将抽样平均体重与该品种鹅的相应体重标准比较，如在体重标准的适宜范围（在标准的±2%范围内均属适宜）内，则该周按标准喂料量饲喂；如超过体重标准 2% 以上，则该周每只每天喂料量减少 5～10 克；如低于体重标准 2% 以下，则每只每天增加 5～10 克喂料量。平均体重不在体重标准适合范围的群体经一周饲养，称重如果仍不在适合范围，则按上述办法调整喂料量，直到体重在适合范围再按标准喂料量饲喂。注意每周龄开始第一天称取的体重代表上周龄的体重。

4. 喂料次数和时间

限饲期间，每天的喂料量必须一次投喂。每天清晨加好料和饮水后，再放鹅。为保证足够的采食位置，可增加食槽或将饲料倒在运动场水泥地面上饲喂。每只鹅应保证有 20～25 厘米长的槽位，其目的在于保证采食均匀。

补料时间应在放牧前两小时左右，以防止鹅因放牧前饱食而不愿采食青草。也可在收牧后两小时左右补料，以免养成急于回巢而不愿大量采食青草的坏习惯。

5. 日常管理

限制饲养阶段的日常管理要点如下：

（1）注意观察鹅群动态　在限制饲养阶段，随时观察鹅群的精神状态、采食情况等，发现弱鹅、伤残鹅等要及时挑出来进行单独饲喂和护理。弱鹅往往表现出行动呆滞，两翅下垂，食草没劲，两脚无力，体重轻，放牧时落在鹅群后面，严重者卧地不起。对于个别弱鹅应停止放牧，进行特别管理，可喂以质量较好且容易消化的饲料，到完全恢复后再放牧。

（2）放牧场地选择　应选择水草丰富的草滩、湖畔、河滩、丘陵以及收割后的稻田、麦地等。放牧前，先调查牧地附近是否喷洒过有毒药物，否则，必须经1周以后或下大雨后才能放牧。

（3）注意防暑　育成期种鹅往往处于5~8月份，气温高。放牧时应早出晚归，避开中午酷热，早上天微亮就应出牧，上午10时左右将鹅群赶回圈舍，或赶到阴凉的树林下让鹅休息，到下午3时左右再继续放牧，待日落后收牧，休息的场地最好有水源，以便饮水、戏水、洗浴。

（4）搞好鹅舍的清洁卫生　每天清洗食槽、水槽以及更换垫料，保持垫草和舍内干燥。

育成鹅恢复饲养的方法

经限制饲养的种鹅应在开产前60天左右进入恢复饲养阶段。此期间应逐步提高补饲日粮的营养水平，增加喂料量和饲喂次数，使鹅的体质尽快恢复。日粮蛋白质水平应提高到15%~17%，舍饲鹅群应饲喂全价配合日粮。经20天左右，种鹅的体重可恢复到限制饲养前的水平，鹅群开始陆续换羽。为了缩短换羽时间和使鹅群换羽时间整齐一致，可在种鹅体重恢复后进行人工强制换羽，一般采用活拔羽方法。拔羽后应加强饲养管理，拔羽后1~2天停止下水，适当增加饲喂量。公鹅拔羽的时间可比母鹅早 2 周左右，从而使后备种鹅能整齐一致地进入产蛋期。

育成期如果公母鹅分群饲养，可以在恢复饲养后 1 个月左右即开产前 1 个月，将公鹅放入母鹅群。混群前公母鹅应做好驱虫和疫苗免疫等工作。应注意恢复饲养开始时日喂料量不能提高太快，一般应逐渐增加，经 4~5 周过渡到自由采食。刚恢复自由采食的鹅群采食量可能很高，但很快会恢复到正常水平（80~250 克/只·天）。

第三节　产蛋鹅的饲养方式和管理　　》

饲养种鹅的目的在于提高鹅的产蛋量和种蛋的受精率，使每只种母鹅生产出更多健壮的雏鹅。种鹅的产蛋期一般分为产蛋前期、产蛋期和休产期 3 个阶段。

产蛋期种鹅的饲养方式

小规模养鹅可采用舍饲为主、放牧为辅的饲养方式。上午待鹅群基本产完蛋后出牧，11 点左右回牧，下午 4 点左右出牧，7~8 点回牧。放牧前如发现个别母鹅鸣叫不安，行动迟缓，有觅窝的表现，可用手指伸入母鹅泄殖腔内，触摸腹中有没有蛋，如有蛋，应将母鹅送到产蛋窝内，而不要随大群放牧。放牧时应选择路近且平坦的草地，路上应慢慢驱赶，上下坡时不可让鹅争先拥挤，以免跌伤。尤其是产蛋期母鹅行动迟缓，在出入鹅舍、下水时，应呼号或用竹竿稍加阻拦，使其有秩序地出入鹅舍或下水。良好的洗浴对于提高种鹅受精率具有重要的意义。种鹅配种时间一般在早晨和傍晚较多，而且多在水中进行。每天早晚要将种鹅放入有较好水源的戏水池中洗浴、戏水，此时是种鹅配种的高峰期。舍饲的种鹅也应有一定深度和宽度的戏水池。母鹅在水中往往围在公鹅周围游水，并对公鹅频频点头亲和，表示求偶行为。放牧前要熟悉当地的草地和水源情况，掌握农药的使用情况。一般春季放牧采食各种青草、水草，夏、秋季主要放牧麦茬地、收割后的稻田，冬季放牧湖滩、沟边、河边。不能让鹅在污秽的沟水、塘水、河水内饮水、洗浴和交配。

　　规模化大型鹅场，多采用全舍饲方式饲养，应加强戏水池的水质管理，保持清洁卫生。舍内和舍外运动场也要每日打扫，定期消毒，饲养管理制度要稳定，不能随意更改。

产蛋期种鹅的饲养管理

精心、科学的管理是保证鹅群高产、稳产的基本条件。

1. 产蛋鹅的适宜温度

鹅耐寒不耐热，对高温反应敏感。温度对鹅的繁殖能力有非常重要的影响。自然环境下饲养的鹅，夏季气温高时，多数鹅种停产，公鹅精子无活力。春节过后气温较低，但母鹅陆续开产，公鹅精子活力强。母鹅产蛋的适宜温度为 8 ~ 25℃，公鹅配种繁殖的适宜温度为 10 ~ 25℃。夏季和冬季应采取有效措施控制舍内温度，以提高种鹅的繁殖能力。

2. 产蛋鹅的光照方案

母鹅产蛋期应采用 16 ~ 17 小时光照（自然光照+人工光照），一直维持到产蛋结束。光照强度 20 ~ 50 勒克斯均可。每日光照制度要固定不变，开关灯时间要固定，不要随意变动。否则，会使母鹅内分泌激素分泌紊乱，造成减产甚至停产。调控光照可获得非季节性连续产蛋，在休产换羽时突然缩短光照可加速羽毛的脱换。

3. 鹅舍的通风换气

为保持鹅舍空气新鲜，除饲养密度适宜（舍饲 1.3 ~ 1.6 只/平方米，放牧条件下 2 只/平方米）外，必须注意通风换气，及时清除粪便、垫草等。舍内氨气、硫化氢等有害气体含量过高，会使鹅群免疫力下降，性成熟延缓，母鹅产蛋能力和公鹅精液品质下降，饲料报酬降低。加强通风换气，可排除舍内有害气体和多余水汽，夏

季还有利于鹅体散热降温。

4. 供给鹅充足的饮水

鹅饮水量是采食量的 2～3 倍，缺水会使鹅采食量减少，产蛋性能下降。因此，必须供给鹅充足的清洁饮水。产蛋鹅夜间饮水与白天一样多，夜间也要供给充足饮水；北方地区冬季气候寒冷，水易结冰，应供给鹅 12℃左右的温水。

5. 防止窝外蛋

地面饲养的母鹅，大约有 60% 习惯在窝外地面产蛋，有少数母鹅有产蛋后用草埋蛋的习惯，往往踩坏种蛋，造成损失。因此，母鹅临产前半个月，应在舍内光线较暗、通风良好的地方安置产蛋箱。每 2～3 只鹅提供一个产蛋箱。产蛋箱的规格为：宽 40 厘米、深 60厘米、高 50 厘米、门槛高 8 厘米，箱底铺垫 3～5 厘米厚柔软的垫草，潮湿肮脏时要及时更换。

母鹅有定窝产蛋的习性，要仔细观察初产母鹅的行为，诱导母鹅入箱产蛋。母鹅产蛋前，一般不爱活动，东张西望，不断鸣叫，这都是将要产蛋的行为，发现这样的鹅要捉入产蛋箱内产蛋，以后鹅即会找窝产蛋。

母鹅的产蛋时间大多数集中在下半夜至上午 10 时左右，个别的鹅在下午产蛋。因此，产蛋鹅上午 10 时以前不能外出放牧，在鹅舍内补饲，产蛋结束后再外出放牧，而且上午放牧的场地应尽量靠近鹅舍，以便部分母鹅回窝产蛋。这样可减少母鹅在野外产蛋而造成种蛋丢失和破损。放牧前检查鹅群，如发现个别母鹅腹中有蛋，应将母鹅送到产蛋窝内，而不要随大群放牧。放牧时如果发现有母鹅出现神态不安，有急欲找窝的表现，在其向草丛或较为掩蔽的地方走去时，则应将该鹅捉住检查，如果腹中有蛋，则将该鹅送到产蛋箱内产蛋，待产完蛋后就近放牧。

对产出的种蛋要及时收集，以防被粪便污染和破碎。

6. 注意舍内外卫生，保持环境安静

舍内污染的垫草和粪便要经常清理、更换，保持垫草清洁卫生，以防霉变。舍内地面、墙壁等要定期消毒，以防疾病发生。饲料、饮水要保持洁净卫生，饮水器每天要洗刷1～2次。

产蛋鹅舍内外应保持安静，严防惊吓、拥挤、驱赶、气候变化、饲料突然更换、大声吆喝、粗暴操作等不良刺激，避免因应激而引起产蛋鹅减产甚至停产或诱发疾病等现象的发生。

7. 优化鹅群结构

鹅群合理的年龄结构对保持每年有均衡而较高的产蛋量具有重要的经济意义。鹅的利用年限较长，其产蛋高峰在第2～3年，第4年开始下降。据报道，产蛋量以第一个产蛋年度为100%，第二个产蛋年度为108%～155%，第三个产蛋年度为127%～168%，其中大型灰鹅第四、五个产蛋年度迅速下降为77%。因此，种母鹅的利用年限一般为3～3.5年，公鹅不宜超过3年。实践证明，适宜的鹅群结构应为：1岁鹅占40%～45%，2～3岁鹅占50%～55%，4岁鹅占5%。

8. 控制就巢性

国内外许多鹅种产蛋期间都表现出不同程度的就巢性，对产蛋性能造成很大影响。生产中，如果发现母鹅有恋巢行为时，应及时隔离，将其关在光线充足、通风良好、凉爽的地方，只提供饮水，

不给饲料，2～3天后喂一些干草粉、糠麸等粗饲料及少量精料，这种处理方法可使母鹅及早醒抱而恢复产蛋。另外，也可使用一些市售药物醒抱。

9. 种鹅的选择淘汰

鹅繁殖的季节性很强。一般到每年的4～5月份开始陆续停产换羽，如果种鹅只利用一个产蛋年，当产蛋接近尾声时，大约在次年的3月份就开始出现母鹅停产。这时可首先淘汰那些换羽的公鹅和母鹅以及腿部等有伤残的个体；其次根据母鹅耻骨间距，淘汰那些没有产蛋，但未换羽、耻骨间距在3指以下的个体；同时应淘汰多余的公鹅，也可将产蛋末期的种鹅全群淘汰。这种只利用一个产蛋年的制度，种蛋的受精率、孵化率较高，而且可充分利用鹅舍和劳动力，节约饲料，经济效益较高。

第七章

规模化生态养鹅

鹅的生态养殖可以高效地解决其规模化养殖中食品安全、污染环境、制约经济可持续发展等问题，就其现状与发展趋势来看，具有十分重大的意义。

第一节 规模化生态养鹅的现状 ≫

传统规模化养鹅存在的问题

目前我国鹅的肉、蛋产量均位居世界前列。然而国内养鹅业的高速发展却带来了一系列的生态负效应。规模化养殖其排污所造成的环境污染问题，鹅本身卫生防疫不合格问题，以及滥用药物所造成的病原菌抗药性增强、病毒毒力增强、混合感染性疾病增多等问题，影响了食品安全，危害了人的健康，成为了制约规模化养殖业发展的"瓶颈"。其危害主要有以下几个方面的表现：

1. 鹅肉、蛋产品的公害问题

为了保障鹅的健康生产，化学药物、饲料添加剂等一直被长期广泛使用，因此产生了一些负面效应：一是导致肉、蛋产品中残留了部分有害物质；二是使微生物产生了一定的耐药性，引起人体过敏，从而带来了一些公共卫生问题。

2. 使用饲料添加剂和促生长剂引发的问题

饲料添加剂和促生长剂的使用主要是指防腐剂、抗菌剂、抗氧化剂、抗原虫药、抗生素、激素等的运用。目前的规模化养鹅场在使用预防和促生长的抗生素时，一般都会超量，长期使用即会导致鹅肉、蛋产品存在药物残留，并产生耐药菌株，同时也会因为鹅的代谢作用排泄到外部环境，造成环境内药物的残留。残留在鹅肉、蛋产品内的药物可使人体产生耐药菌株或药物过敏，而随鹅粪便排泄出来的药物或者代谢产物也可能影响粪便的堆肥发酵，同时残留在环境中的药物不利于土壤中的微生物和水生生物，从而影响农作物的生产和水产养殖，并有可能聚集到蔬菜和牧草中，影响食品安全，危害人们的身体健康。

3. 环境污染问题

环境污染包括规模化养鹅生产过程中所产生的粪便、臭气、病死鹅及屠宰的下脚料、污水等。规模化养鹅场一般都建在大中城市的近郊和城乡结合部，因环保意识不强或者资金不足等问题，往往不会考虑处理鹅的粪便。因此，未经处理的污水流入江河中，使藻类等水生生物大量繁殖，轻者导致水质缺氧、缺光，造成江河堵塞，污染水环境；重者使水生生物大批死亡，藻类也因缺氧而不能生存，水质发黑、变臭。产生养殖场臭气的主要有碳水化合物和含氮有机物这两类物质，在厌氧环境下，这些物质会分解释放出酸味、臭鸡蛋味、鱼腥味等刺激性气体，这些气体如果大量并且长期高浓度的存在，将会严重影响人体健康。

4. 养鹅疾病防治问题

随着规模化养鹅带来的环境污染问题，鹅的细菌性、病毒性疾病和寄生虫病越来越多，如近几年盛行的禽流感等。这些疾病可以通过多种途径传播，促使养鹅户大量盲目使用抗菌类药物，以期达到防治作用，却造成鹅产生耐药性或者药物残留严重超标，最终危害人类健康。

现代规模化生态养鹅的现状

经过诸多学者研究发现，生态养鹅即充分利用当地饲料资源和农副产品的下脚料，种植高蛋白饲料菜，并采用全价饲料配方和生物发酵技术，生产出相似或优于全价配合饲料效果的"生物全价发酵饲料"（简称"生物饲料"）。该技术的运用可以大大降低饲料成本，提高养鹅效益，为促进我国农村生态养鹅业的持续发展，保护人类健康和生态环境，将产生深远的影响。目前，人们对产品的消费意识正在发生转变，健康、绿色、安全成为人们追求的目标，生态养鹅是养鹅业发展的必然趋势。

第二节　规模化生态养鹅的发展趋势　　》》

生态养鹅的概念

生态养鹅就是通过改善优化畜禽体内外环境，减少抗生素的使用量，坚决不用违禁药品，抛弃单纯以经济效益为目的的简单养殖模式，生产出绿色安全、优质高产的鹅及水产品，使经济效益、生态效益、社会效益统一发展。

生态养鹅是高效养鹅的必然选择

1. 生态养鹅是优化产业发展的方向

目前我国养鹅业产品的质量安全问题已经摆在了规模化鹅产品生产的首位，生态养鹅通过无害化处理污染源、控制生产过程中的质量安全，使养鹅环境、生产过程和鹅产品均达到质量安全规定的要求，并且降低了生产成本，提高了养鹅的综合效益。生态养鹅还利用资源的可再生循环系统，形成了生物链衍生产品，既增加了经济效益，又符合了高效养鹅可持续化发展的要求。

2. 生态养鹅是消除污染物的主要途径

在千家万户零星养鹅时期，因为排污量比较小而且相对分散的关系，其对环境的污染并不是很明显。但进行规模化养鹅生产后，数量巨大的鹅粪尿集中排放，所产生的大量 NH_3、H_2S、CH_4 等有毒有害气体，进入到空气中，不但污染了空气，影响了鹅的生长，降低了鹅产品的产量和质量，而且直接危害了人类健康。养鹅规模化生产过程中使用的高蛋白，高剂量磷、铜、锌等微量元素以及砷制剂等药物添加剂，只有少部分被鹅机体吸收，大部分进入鹅粪便中排出体外，积蓄在土壤中而造成污染。此外，鹅粪尿以及养鹅场中排出的污水中的大量氮、磷化合物是高浓度的有机废水，进入水体后很容易使藻类大量繁殖，污染水质，既影响生活用水也影响灌溉用水。

生态养鹅主要利用生物链进行生物处理污染源。如为了给鹅制造一个相对安全的外部环境，对鹅外部环境进行定期或者不定期的消毒，彻底消除有害细菌和病毒等各种微生物。为了促进鹅的健康生长，可以添加有益菌群到饲料中，调整鹅肠道内的菌群环境，达到鹅肠内菌群的自然平衡；为减少规模化养鹅疾病的传播与泛滥，

应坚决按照相关规定对病、死鹅进行处理，同时集中处理病死鹅的分泌物及污物，遏制疫病的复发。因此，在规模化鹅生产过程中必然要走生态养鹅的道路。

保障高效生态养鹅的关键因素

1. 做好宣传工作，提高企业生态养鹅意识

规模化畜禽生态养殖关系到生态环境和人畜健康，应作为一项社会公益性项目纳入各级政府农业生态环境管理职能部门的职责范围中来。因此相关政府部门可做以下几个方面的工作：其一，要加强组织宣传，落实相关政策措施，保证该项目的顺利实施。其二，要对企业进行宣传，提高企业生态养鹅意识。需要把规模化生态养鹅的必要性和给企业的增加的效益介绍给企业，使生态养鹅成为企业自觉的行动，使企业把生态养鹅作为自身生存与发展的要求。其三，要向公众进行宣传，提高公众对生态养鹅的认识。通过新闻媒体和科普的宣传，让公众了解到养鹅规模化生产的污染危害和人自身健康密切相关，而规模化的生态养鹅已成为造福人类的必然选择。其四，加大生态养鹅业知识的宣传力度。生态养鹅业作为一个新生事物，对于我国广大养鹅户来说还比较陌生，同时它的要求目前看来还比较苛刻，不容易完全做到，甚至其中按鹅的天性行为习惯进行管理这样的要求看起来很不可思议。生态养鹅的模式与现下集约化养鹅的模式相比，明显降低了经济效益。养鹅户如果从经济利益方面考虑，一时还很难接受这种养鹅方式。因此，加大发展生态养鹅业的意义和相关知识宣传力度很有必要，它可以使广大养殖户提高对生态养鹅认识，改变传统观念，明确发展生态养鹅业是惠及人

类健康，保护生态环境，促进养鹅业可持续发展的重要事件。发展纯自然的养鹅生产方式，可以抛弃人为干扰和掠夺式生产的弊端，将现有的养殖模式逐步过渡到有机养殖模式。

2. 创新思维、不断完善

生态养鹅模式的选择与创立不是简单的生搬硬套，而应该在借鉴成功经验的基础上，结合自身的资源优势，消化吸收，创建适合自己的生态养鹅新模式。生态养鹅业要求与农业、林业共同发展，不过在处理鹅粪便方面，只能做到无害化地处理与再生利用粪便等污染物，在衍生产品方面，也只停留在肥料、饲料和甲烷（沼气）的层面，即建立沼气池，回收沼气做燃料、沼液做饲料、沼渣做肥料，但由于该工程投资大、维护人工多和衍生产品商品化成本高等因素很难推行实施。因此只有通过农牧或林牧的结合，并控制农业或林业土地的载鹅量，才能最有效、最经济地维持生态环境的安定。

3. 技术协作、共同发展

与自然放牧养殖相比，规模化生态养鹅的技术要求更高、难度更大，是一门包括动物生命科学、兽医科学、动物营养科学、公共卫生科学、质量管理科学在内的多学科的技术。同时还有农业、食品工业、化学工业、环境保护、生物处理等行业的学科涉及涉及生物链衍生产品。生态养殖技术要想融合多学科的技术，必须经过各方面专家的技术协作和交流，解决生态养殖过程中的技术难题。同时还要加强企业之间的技术合作，共同探讨和提高生态养殖技术水平。除此以外加强跨行业技术交流，实现技术互补也必不可缺。只有这样才能全面提升规模化生态养鹅的水平。开发研制有机饲料，并迅速应用于生产。例如为了提高蛋白质的利用率，减少氮的排出，可以配制以可消化氨基酸含量为基础的日粮；为了提高饲料中植酸磷的利用率，可以适当地添加植酸酶；为了促进饲料营养物质的消化吸收，可以添加一些酶制剂；而添加益生素也可以调节肠道微生物群落，从而促进有益菌的增长繁殖，充分而节约地利用饲料；使用除臭剂，可以减少动物粪便臭气的产生等。

4. 政府部门的大力支持

作为一个新兴的理念和饲养模式，生态养鹅是一个系统工程，它的有效实施不能只依靠业务部门单独完成，也需要政府相关部门的大力支持，彼此沟通，使养鹅户增强生态养殖的意识，使健康养殖观念能够得到大力推行。

为了发展生态养鹅业，政府部门应对生态养鹅企业进行必要的扶持，提供技术等方面的信息服务，促进有机鹅产品的宣传和销售。同时也要加强对生态养鹅业的认证和对市场产品的监控，防止假冒伪劣鹅产品和超标的有毒物质产品流入市场，确保生态养鹅的健康有序发展。

第三节 规模化生态养鹅的主要模式 》》

要实现生态养鹅，必须从现有的养殖模式开始，逐步发展生态养鹅业。规模化生态养鹅模式应该因地制宜，根据当地的资源条件，适当地选择或创立。例如某些地区人多地少、土地价值高，那么便

不适合使用牧区自然放牧式的生态养鹅模式。而鹅—猪—鱼等生态立体养殖模式，是以直接利用粪便为食物链，这不但无法彻底地解决鹅规模化生产中带来的污染问题，反而会给动物的传染病形成传播途径。因此，如果想要选择或者创立规模化生态养鹅模式，就应该满足以下基本条件：一是消除或者减轻对环境的污染，达到鹅生产质量安全规定的要求；二是能够利用生物链实现资源的再生循环，降低规模化养鹅生产所需要的总体成本；三是把生态养鹅过程中产生的衍生产品，转化成产业链，增加规模化生态养鹅的综合效益。现今，受广泛推行的有以下几种生态养鹅模式。

种养结合的生态养鹅模式

1. 稻鹅共育模式

稻田养鹅最早起源于明清时代，到目前为止经历了三个阶段，即流动放牧阶段、区域巡牧阶段以及稻鹅共育阶段。近年来许多省市普遍采用稻鹅共育的模式。该模式主要将水稻各生长期的特点、水稻病虫害发病的规律和鹅的生理、生活习性以及稻田中饲料生物的消长规律性四者相结合，所营造出来的种养模式。稻鹅共育模式的稻田不需要施肥、喷洒农药，不会造成污染，还有充足的水分，稻的茂密茎叶为鹅提供了避光、避敌的栖息地；稻田中的飞虱、叶蝉、蛾类及其幼虫、象甲、蝼蛄、福寿螺等害虫、浮游生物和底栖小生物、绿萍、杂草等又丰富了鹅的饲料；鹅在稻丛中间不断踩踏杂草，实现了人工和化学除草的功能；鹅在稻田间不断地活动，也对稻田起到了中耕的作用；鹅昼夜采食的习性，可以吃掉不同时间段内活动的害虫，起到了生物防治的作用；其连续活动时的排泄物和掉落的羽毛，掉入稻田中，帮助了水稻追肥，提高水稻的产量；水稻不需要使用化肥和农药，养鹅不需要使用抗生素和化学药物，因此生产出来的优质稻米和鹅肉、鹅蛋都是绿色安全食品。

2. 果园养鹅模式

利用果园养鹅和稻鹅共育类似，是一种果树和鹅互利共生的种养模式。鹅在果园里面自由活动，以害虫为食。据观察，在吃虫高峰期时，一羽鹅一天可以吃掉 40 多只虫子；同时鹅的食草量也很大，一羽鹅一年可以啄食 300~500 千克的鲜草；每羽鹅每年都能为果园提供 75 千克的优质粪肥。利用果园养鹅，可以同时实现控虫、除草、肥田，大大降低了灭虫、除草、施肥所需要的农药、化肥和人工的费用，也减少了果品受到污染的可能。除此以外，鹅粪中含有的较高的磷元素，可以提高果实的甜度、增加果品的着色，快速有效地提高了果品的质量。果园养鹅时，使用空间大，鹅的运动多，使鹅身体强壮，较少得病，啄食量大，生长速度快，产蛋量多。同时鹅以害虫和杂草等天然饲料为食，不仅可以降低饲料的成本，还可以提高鹅蛋的质量，增强了市场竞争力。经测定，使用果园养鹅模式养殖的鹅，其蛋黄颜色比圈养鹅的增加了两个比色度。

3. 林下养鹅模式

林下养鹅模式主要是充分利用林地里面冬暖夏凉这一优越的自然环境，在树林间巧妙地搭建塑料大棚。可以在夏天时降低鹅舍的温度，在冬日时提升鹅舍的温度，使肉鹅养殖由每年的 1~2 批饲养，发展为常年饲养，实现每年 6~7 批的饲养，提高了肉鹅的养殖效益和土地的利用率。利用林下养鹅，还可以净化环境，这种模式有效地解决了农作物秸秆乱放和随意焚烧等问题，因为它们已经被用来当作养鹅的垫料，从而转化成了有机肥料，每公顷林地可以消化75000千克以上的秸秆，既改良了土壤，又解决了环境污染的问题。鹅粪中含有的氮磷钾，在施入林地后，促进了林地树木的快速生长，使树木的年生长率增加了5%以上，打破了林木不需要施肥、任其自由发展的传统生产模式。

4. 养鹅治蝗模式

据部分文献记载，养鹅治蝗模式首创于1597年，即明神宗历丁酉年。闽中发生蝗灾，福建庠生陈经伦受到鹭鸟啄食蝗虫的启发，使用养鹅治蝗的方法，并取得了显著的效果。养鹅治蝗不仅可以有效地控制蝗灾，减少牧草的损失，而且绿色安全，不会对环境造成污染，同时鹅在放牧期间所散布的粪便还可以增加草地的土壤肥力，促进牧草的生长，并同样具有良好的生态、社会和经济效益。

鱼鹅混养的生态养殖模式

利用鱼塘养鹅是鱼鹅混养的一种生态养殖模式。据测定，鱼塘养鹅可节约饲料2%～3%。反过来，鹅也为鱼提供丰富的饵料，鹅有20%～30%未被消化的营养物质排入池中，具有培养鱼池中浮游生物及提供鱼饵料的双重作用。每羽鹅的粪便和泼洒的饲料可以生产2～3千克鱼。同时鹅群在鱼池中不断地进行游动、嬉水和扑打，实现了义务增氧。鱼鹅混养的生态养殖模式已经推广到全国各地，其中的经济和生态综合效益明显比单纯养鱼模式高。据测定，鱼鹅混养的生态养殖模式每公顷的纯收入接近5万元，是单纯养鱼模式的5.7倍。

第四节 规模化生态养鹅的意义 >>>

保障动物的需求

近些年来，随着养鹅业设施的快速发展，鹅在人工控制的设施和环境中进行集约化、工厂化生产。养鹅户为提高生产效率，将人类的意愿强加于饲养的鹅，牺牲了动物的需求。这种行为虽然大大提高了养鹅业的生产效率，给人类提供了丰富的食物，但随之而来也产生了一系列的问题。尤其是片面地追求效率的最大化，完全不考虑或者很少注意到鹅本身的感受或者鹅的健康问题，带给了鹅紧张、不适、痛苦、疾病甚至死亡，从而引发了人们应当如何对待动物需求的问题。

生态养殖可以解决鹅在饲养过程中的一些主要问题，如饲养规模和密度过大、填饲、饮水不洁、滥用饲料以及添加剂所导致的鹅疾病和死亡问题，使鹅彻底回归自然的养殖。

提供绿色安全有机食品

"民以食为天"，食品的质量优劣与人民群众的身体健康甚至生命安全息息相关。随着经济水平的不断提升，人民生活水平也得到

了改善，消费者对食品的质量要求也越来越高，然而近几年来，劣质奶粉，注水猪肉，毒馒头，毒豆芽，毒牛奶等食品安全问题层出不穷，严重威胁到人民群众的身体健康，损害了消费者的合法权益。至此，食品安全问题已经成为我国政府及相关部门高度重视的事件。而生态养鹅可以给人们提供绿色安全的有机鹅产品。

经济效益和生态效益共同发展

生态养鹅就是根据生态学、生态经济学的原理，从农业可持续发展的角度出发，将传统的养殖方法与现代科学技术有机结合。根据林地草场、果园、农田、荒山等不同地区的特点，利用资源，实行放养和舍养组织起来的规模化养殖，以使鹅自由采食野生食物为主，以人工科学补料为辅。同时严格限制使用化学药品与饲料添加剂，禁止任何激素或者抗生素的使用。通过营造良好的饲养环境、科学的饲养管理和防治疫病措施等，实现生产的标准化，提供优质的鹅产品，节省鹅饲料，控制病虫危害，降低建筑以及设施成本，减少对周边环境的污染，缓解农牧用地紧张问题，实现经济效益和生态效益的综合发展，达到农业整体的持续发展。

第八章

鹅的常见病与防治

鹅的疾病主要由病毒、细菌、真菌、寄生虫等病原微生物感染引起，饲料营养不平衡及某些药物中毒等也是重要的发病原因。

第一节 鹅的常见疾病种类与防治 》》

病毒性疾病的种类与防治

1. 鹅副黏病毒病

鹅副黏病毒病，是近年来在全国大部分地区流行的一种由鹅源禽Ⅰ型副黏病毒（Avian ParamyxovirusAPMV–1）引起的鹅的烈性传染病。本病于1997年最早发生于我国华南地区，而后江苏、浙江、辽宁、吉林等地也陆续发生，现已在全国范围内流行。本病发病率和死亡率较高，使养禽业蒙受了较大的损失。

（1）病原　禽Ⅰ型副黏病毒，在分类上同鸡新城疫病毒，属于副黏病毒科、副黏病毒亚科、腮腺炎病毒属，是一种有囊膜的单股负链RNA病毒。该病毒可在9日龄鸡胚或10日龄鸭胚中增殖，并能引起鸡、鸭胚死亡。其尿囊液具有较高的血凝（HA）滴度。此种血凝特性能被康复鹅的血清所抑制，具有特异性。该病毒与鸡新城疫病毒有部分交叉免疫原性，用鸡新城疫弱毒疫苗Ⅱ系、Ⅲ系免疫可取得一定的预防效果，但不如鹅副黏病毒油乳剂苗保护效果好。病毒的抵抗力不强，一般消毒药都能将其杀死。

（2）流行特点　流行病学调查表明，各种年龄的鹅对鹅副黏病毒均具有易感性。年龄越小，发病率和死亡率越高，但主要发生在15～60日龄的雏鹅身上。15日龄以下雏鹅感染后，发病率和致死率在90%以上。10日龄以下鹅，则发病率和致死率都达100%。随日龄的增长，发病率和死亡率下降。不同品种的鹅均能发病，自然条件下潜伏期为3～5天，人工感染为48～60小时。该病无季节性，一年四季均可发生，常引起地方性流行。产蛋种鹅除发病死亡外，产蛋率明显下降。发生该病的鹅群，其附近尚未接种疫苗的鸡也可感染发病死亡。本病通过不同的感染途径都可感染，如点眼、滴鼻、口服、肌注、皮下注射等都可使鹅100%发病，但死亡率不同。本病的临床症状和病理学变化主要以消化系统、呼吸系统、免疫系统和神经系统的症状和病变为特征，且自然病例与人工感染病例基本一致。

（3）临床症状　病鹅初期大多表现精神不振，采食、饮水减少，有时勉强采食或饮水又随即甩头吐出。拉白色稀粪或水样腹泻，部分病鹅时常甩头，并发出"咕咕"的咳嗽声。随后，粪便呈水样黄色或绿色，严重脱水、消瘦，双翅下垂，双腿无力，蹲伏地上，不愿行走。后期有扭颈、转圈、仰头等神经症状，病鹅极度衰弱，浑身打战，眼睛流泪，眼眶及周围羽毛被泪水浸湿，有时鼻孔流出清亮水样液体，头颈颤抖，呼吸困难，喙与掌部发紫等症状，多数在发病后3～5天死亡，也有少数急性发病鹅无明显症状而在1～2天内死亡。

（4）病理变化　病鹅各组织器官广泛出现病变，其中消化器官和免疫器官的病变尤为严重。病鹅皮肤淤血，从食道末端至泄殖腔

的整个消化道黏膜都有不同程度的充血、出血和坏死等病变。最具特征的消化道病变是在食道末端腺胃及与之相连的肌胃起始端黏膜肿胀、糜烂、极易剥离；食道黏膜特别是下端有散在的芝麻大小、灰白色或淡黄色结痂，易剥离，剥离后可见斑或溃疡；十二指肠、空肠、回肠黏膜有散在或弥漫性、淡黄色或灰白色纤维素性结痂，结肠黏膜有弥漫性、淡黄色或灰白色芝麻大至小蚕豆大的纤维素性结痂，剥离后呈现出血面或溃疡面，盲肠扁桃体肿大，盲肠黏膜纤维素性结痂；直肠黏膜和泄殖腔黏膜有弥漫性大小不一、淡黄色或灰白色纤维性结痂。胰腺、脾脏表现严重的坏死病变，在表面和切面上可见大量大小不等的白色坏死灶，脾肿大，有芝麻粒至绿豆粒大灰白色坏死灶。胰腺肿大，有灰白色坏死灶。呼吸道的特征性病变是气管环出血，整个肺出血，肺部有针尖或粟粒大甚至黄豆大的淡黄色结节，颇似鹅曲霉病的病肺结节。其他脏器病变较轻，肝脏轻度淤血肿大，胸腺、哈氏腺偶见出血；大脑、小脑有时充血、水肿；肾脏肿大、色淡，输尿管扩张，充满白色尿酸盐。

（5）诊断　根据典型的病理变化，结合症状和流行病学情况，可以作出初步诊断。但本病的初期症状及病变易与小鹅瘟混淆，为了确诊，特别是初发病的养鹅场和地区，应采取病鹅的肝、脾脏器进行病毒分离和鉴定。鹅副黏病毒可在 9 日龄鸡胚尿囊液内繁殖，并可引起鸡胚死亡。鸡胚尿囊液对鸡红细胞可呈现较高的血细胞凝集（HA）滴度，其 HA 可被鹅副黏病毒抗血清所抑制，但用小鹅瘟高免血清治疗时无治疗效果。病料经负染后在电镜下观察时，可见到典型的副黏病毒。根据以上检验即可确诊。

（6）防治　一般不要从疫区引进雏鹅，必须引种时应给雏鹅注射鹅副黏病毒油乳剂灭活苗，每只 0.3 毫升，15 日龄以上，每只 0.5 毫升。并切实做好引种鹅群的隔离消毒工作。

平时应加强鹅群的饲养管理，调整鹅群的饲养密度，注意搞好环境卫生，经常对鹅舍及用具消毒。对已发病鹅群，全场清除粪便、污物，彻底消毒，对病、死鹅要作深埋处理。

2. 小鹅瘟

小鹅瘟（Goose plaque）又称为鹅肝炎、鹅传染性心肌炎和鹅腹水性肝肾炎、德舍氏病，是由鹅细小病毒（Goose parvovirus，GPV）引起，主要侵害 30 日龄以内雏鹅和雏番鸭的一种急性、高度接触性、败血性传染病，传染性强且死亡率高。雏鹅以全身急性败血病变和渗出液或伪膜性肠炎、心肌炎为特征。致病性强，死亡率高。在我国江苏地区很早就有该病的流行，严重影响养鹅业的发展。

（1）病原　早期的研究报道曾误认为本病的病原是呼肠孤病毒，或认为致病因子是腺病毒。后来更翔实的研究证实了病原为细小病毒。属于细小病毒科，细小病毒亚科，细小病毒属，GPV 只有一个血清型，与本属其他病毒不呈现交叉血清反应。

病毒粒子呈圆形或六面体，直径为 20～22 纳米，无囊膜，20 面体立体对称，有完整病毒形态和缺少病毒核酸的病毒空壳形态两种。GPV 的 3 种结构蛋白即 VPl、VP2 和 VP3 中，VP3 是主要的衣壳蛋

白，约占总蛋白的80%。

GPV对外界因素具有很强的抵抗力。从我国分离的病毒，以56℃加热1小时，仍能使鹅胚死亡，死亡时间较不处理的延长96～120小时，50℃下经3小时或在37℃下经7天，对感染滴度无影响。病毒对乙醚、氯仿、胰蛋白酶、去污剂以及pH值为3的酸性均有抵抗力。经过上述处理的病毒接种鹅胚后，与未经处理的病毒没有差异。本病毒不同于本属其他成员的一个显著特点是它对多种哺乳类及鸟类的红细胞无凝集能力。

（2）流行特点　在自然条件下，本病仅发生于雏鹅和雏番鸭之中，其他禽类和哺乳动物都不感染。10日龄以内雏鹅的发病率和死亡率常高达95%～100%，15日龄以上的雏鹅的发病率和死亡率有所下降，40日龄以上的只有个别发病死亡。成年鹅可感染而不表现临床症状。因此，带毒鹅和病鹅的粪便及分泌物是主要的传染源。本病一年四季均可发生，在高度密集的孵化地区，常呈现一定的周期性，一次流行之后，往往间隔1～2年后或更长时间才会发生流行。

感染的病鹅或番鸭可通过消化道和呼吸道排出大量病毒，再经直接和间接接触迅速传播本病。本病毒可垂直传播。成年鹅常呈亚临床感染，或成为隐性感染者、病毒携带者或通过鹅蛋将病毒传给易感的雏鹅。

本病发病率和死亡率同雏鹅日龄有密切关系。最早雏鹅发病日龄为2～5天，常在2～3天内传播至全群；7～10日龄发病率和死亡率最高，可达90%～100%，11～15日龄雏鹅死亡率为50%～70%；16～21日龄雏鹅死亡率为30%～50%；21～30日龄为10%～30%；30日龄以上为10%左右。

（3）临床症状　本病的潜伏期和病程依据感染时的年龄而定。1

日龄感染者为 3~5 天，2~3 周龄感染者为 5~10 天。其病程可分为最急性、急性和亚急性等病型。病鹅表现为精神委顿、昏睡、食欲废绝，个别病鹅采食后将吃进去的料甩出，不愿运动，常常独蹲一隅。排出灰白色或者淡黄色稀粪便，混有气泡，肛门外突，周围被毛潮湿并有污染物。临死前出现两腿麻痹或者抽搐症状。

（4）病理变化　本病的特征性病变是空肠和回肠的急性卡他性—纤维素性坏死性肠炎，整片肠黏膜坏死、脱落，与凝固的纤维素性渗出物形成栓子或包裹在肠内容物表面形成假膜，堵塞肠腔。剖检时可见靠近卵黄与回盲部的肠段，外观极度膨大，质地坚实，长 2~5 厘米，状如香肠，肠管被一浅灰或淡黄色的栓子塞满。在组织学变化方面，心肌纤维有不同程度的颗粒性变性和脂肪变性，肌纤维断裂，排列零乱。肝脏细胞空泡变性和颗粒变性。脑膜及脑实质血管充血并有小出血灶，神经细胞变性，严重病例出现小坏死灶，胶质细胞增生。

（5）诊断　经临床诊断、病理剖检等可初步诊断，如要确诊需进行以下实验室诊断：可用中和试验、免疫荧光诊断法、对流免疫电泳法、免疫酶斑点法、间接血凝试验、生物素—亲和素酶免疫检测技术等免疫化学法方法检测。另外，核酸探针技术和透射电镜检测也是近年来在探讨和使用的方法。

（6）防治　本病的特异性防治依赖于被动免疫和主动免疫。在疫病流行区域或已被污染的炕坊，雏鹅出壳后立即皮下注射高免血清和卵黄抗体，可预防或控制本病的发生。在有本病流行的区域应用疫苗免疫种鹅，是预防本病有效而经济的方法。因为本病主要通过孵坊传播，故一切设备用具在每次使用前后都必须进行彻底消毒，种蛋也应做消毒处理，一经发现孵坊感染 GPV，则应立即停止孵化。严禁从疫区购买种蛋、种鹅、雏鹅，尽量做到自繁自养，出壳雏鹅

不宜与种蛋或大鹅接触，控制和预防孵化场传播。鹅舍应经常打扫、定期消毒，加强雏鹅的饲养管理。做到预防为主，综合防制。

3. 鹅禽流感

禽流感是由 A 型流感病毒引起的家禽和野禽的一种从呼吸病到严重性败血症等多种症状的综合病症。目前在世界上许多国家和地区都有发生，给养禽业造成了巨大的经济损失。这种禽流感病毒，引起禽类的全身性或者呼吸系统疾病，发病情况从急性败血性死亡到无症状带毒等极其多样，这主要取决于带病体的抵抗力及其感染病毒的类型及毒力。文献中记录的最早发生的禽流感在 1878 年，意大利发生鸡群大量死亡，当时被称为鸡瘟。到 1955 年，科学家证实其致病病毒为甲型流感病毒。此后，这种疾病被更名为禽流感。禽流感被发现 100 多年来，人类并没有掌握特异性的预防和治疗方法，仅能以消毒、隔离、大量宰杀禽畜的方法防止其蔓延。禽流感在雏鹅中的发病率可高达 100%，死亡率 95%。大日龄鹅及种鹅发病率也较高，死亡率 40%～80% 不等。这一传染病过去很少将其纳入鹅的免疫计划，现在却引起养鹅者的高度重视。

（1）病原　禽流感病毒在分类上属于正黏病毒科的 A 型流感病毒，为多形螺旋对称的 RNA 病毒，根据血凝素（HA）和神经氨酸酶（NA）两种糖蛋白的变异性，又可分为许多亚型，有 16 种不同的 HA 亚型和 10 种不同的 NA 亚型。由于 HA 和 NA 的抗原性变异是 A 型流感病毒常见的一种自然变异，而这种变异又是相互独立的，因而二者的不同组合又构成更多的病毒抗原亚型。

禽流感病毒生物学特性的变化、并发感染、环境应激以及禽类的品种、年龄和性别与许多因素都可以影响到其发病率和死亡率，从微不足道至接近 100%。高致病力病毒的 HA 可在许多不同的细胞中被裂解，从而产生有传染性的病毒颗粒，而低至中等毒力病毒的HA在许多细胞中一般不产生裂解。这种特性表明禽流感病毒对组织的趋向性，如只限于呼吸道、消化道的病毒株与能侵害全身生命重要器官的毒株，即产生完全不同的症状和病变。

（2）流行特点　各种家禽和野禽均可感染，以鸡和火鸡及某些野禽的易感性较强，带毒的野禽、鸽、鸭等是本病的重要传染源，带毒的候鸟可使本病呈世界性传播。一年四季均可发生，但以冬春季为主要流行季节。各种日龄和各品种的鹅群均具有高度易感性。雏鹅的发病率可高达100%，死亡率也可达到95%以上，其他日龄的鹅群发病率一般为80%～100%，死亡率为60%～80%，产蛋鹅群发病率近100%，死亡率为40%～80%。发病率和死亡率差异很大，取决于禽类种别和病毒毒力以及年龄、环境和继发感染等因素。水禽一般不显症状，其他禽类表现为亚临床症状、轻度呼吸道感染、产蛋量减少或急性致死性疾病。

（3）临床症状　患鹅常突然发病，体温升高，食欲减退或废绝，仅饮水。拉白色或带淡黄绿色水样稀粪。羽毛松乱，身体蜷缩，精神沉郁，昏睡，反应迟钝。部分患鹅曲颈斜头，有神经症状，尤其是雏鹅较明显。多数患鹅站立不稳，后退倒地。部分患鹅头颈部肿大，皮下水肿，眼睛潮红或出血，眼睛四周羽毛贴着黑褐色的眼眶，呈戴眼镜样，严重者瞎眼，也有的病例鼻孔流血。种鹅发病症状稍轻，产蛋率急剧下降，3～5周后又缓慢上升，破蛋、畸形蛋增多，种蛋的受精率和孵化率降低。患病未死的母鹅一般在1～15个月后才能恢复产蛋。

（4）病理变化　大多数患鹅皮肤毛孔充血、出血，全身皮下和脂肪出血；肿头病例，下颌部皮下水肿，显淡黄色或淡绿色胶样液体；眼结膜出血，瞬膜充血、出血；颈上部皮下和肌肉出血；鼻腔

黏膜水肿、充血、出血，腔内充满血样黏液性分泌物；喉头黏膜有不同程度出血，大多数病例有绿豆大到黄豆大的凝血块，气管黏膜有点状出血。脑壳和脑膜严重出血，脑组织充血、出血；胸腺水肿。脾稍肿大，淤血；肝脏肿大，淤血、出血，部分病例肝小叶间质增宽；肾脏稍肿大，充血；胰腺有出血斑和坏死灶，或液化状；胸壁有淡黄色胶样物；腺胃黏性分泌物较多，部分病例黏膜出血；肠黏膜局灶性出血斑或出血块，或有出血性溃疡病灶，直肠后段黏膜出血；多数病例心肌有灰白色坏死斑和肺淤血、出血；产蛋母鹅卵泡破裂于腹腔中，卵泡膜充血、出血斑、变形，输卵管浆膜充血、出血，腔内有凝固蛋白；病程较长患病母鹅卵巢中的卵泡萎缩，卵泡膜充血、出血或变形，显紫葡萄状卵巢；患病雏鹅法氏囊黏膜出血。

（5）诊断　鹅的脑、肝、脾、血液等病料经处理后接种 10 日龄易感鸡胚。吸取死亡鸡胚绒尿液作血凝和血凝抑制试验。取死亡鸡胚绒尿膜，制备琼扩抗原与标准血清作琼扩试验，进行病毒亚型鉴定。

用于本病诊断的分子诊断技术如 RT-PCR、单克隆抗体、核酸探针等也得到了广泛应用，为此病提供了敏感、准确、快速、可靠的诊断方法。

（6）防治

①预防。禁止从疫区引种，从源头上控制本病的发生。正常的引种要做好隔离检疫工作，最好对引进的种鹅群抽血，作血清学检查，淘汰阳性个体；无条件的也要对引进的种鹅隔离观察 5～7 天，淘汰盲眼、红眼、精神不振、步态不正常、排绿色粪便的个体。

鹅群接种禽流感灭活疫苗。种鹅群每年春秋季各接种 1 次，每次每只接种 2～3 毫升；仔鹅 10～15 日龄每只首免接种 0.5 毫升，25～30 日龄每只再接种 1～2 毫升，可取得良好的效果。

避免鹅、鸭、鸡混养和串栏。禽流感有种间传播的可能性，应引起注意。

栏舍、场地、水上运动场、用具、孵化设备要定期消毒，保持清洁卫生。水上运动场以流动水最好。水塘、场地可用生石灰消毒，平时隔 15 天消毒 1 次，有疫情时隔 7 天消毒 1 次；用具、孵化设备可用甲醛熏蒸消毒或百毒杀喷雾消毒；产蛋房的垫料要常换、消毒。

种鹅群和肉鹅群分开饲养。场地、水上运动场、用具都应独立使用。肉鹅饲养实行全进全出制度，出栏后要对空栏消毒和净化 15 天以上。

一旦受到疫情威胁或发现可疑病例，应立即上报相关兽医部门，并立刻采取有效措施防止扩散，包括及时准确诊断病例及隔离、封锁、销毁、消毒、紧急接种、预防投药等。

②治疗。 高免血清疗法：肌肉或皮下注射禽流感高免血清，小鹅每 2 毫升、大鹅每只 4 毫升，对发病初期的病鹅效果显著，见效快；高免蛋黄液效果也好，但见效稍慢。中药疗法：中药凉茶廿四味加柴胡、黄芩、黄芪，煎水给鹅群饮用，对禽流感的预防和治疗有较好的效果。饮水前鹅群先停水 2 小时，再把中药液投于饮水器中供饮用 6 小时，每天 1 次，连用 3 天。病情较长时要在药方中加党参、白术。

细菌性疾病种类与防治

1. 禽霍乱

禽霍乱又称巴氏杆菌病、禽出血性败血症，或简称禽出败，是由多杀性巴氏杆菌引起的一种鸭、鹅等禽类的一种传染病。育成禽

和成年产蛋禽多发，并以营养状况良好、高产的禽易发。病禽、康复禽或健康带菌禽是本病主要传染来源，尤其是慢性病禽留在禽群中，往往是本病复发或新禽群暴发本病的传染来源。

（1）病原　本病的病原体是多杀性巴氏杆菌，为卵圆形小杆菌，革兰染色阴性。病料血液、肝、脾等中的巴氏杆菌用美蓝或姬姆萨染液染色后，菌体的两端着色较深，周围有一蓝色细边，呈明显的两极性着色。菌体的这一染色特性，在本病的诊断上有一定的意义。巴氏杆菌对常用浓度消毒药的抵抗力不强，如1%漂白粉，1%苯酚，1%百毒杀等都可在短时间内将其杀死，病菌在自然干燥的环境中可死亡，60℃时10分钟即死。但在寒冷季节和土壤中，生存力较强，在病死禽体内可生存2～4个月，埋在土壤中可生存5个月之久。

（2）流行特点　该病主要通过被污染的饮水、饲料经消化道感染发病。病禽的排泄物、分泌物带有大量细菌，随意宰杀病禽，乱扔废弃物可造成本病的蔓延。该病一旦发生，在这些禽场内很难清除，致使多批次禽甚至全年均可发病。

（3）症状　禽群发病依病程可分为不同的病型，一般分为最急性、急性和慢性三种类型。

①最急性型。常发生于该病的流行初期，特别是成年产蛋禽易发生最急性病例。该型最大特点是生前不见任何临床症状而突然死亡。

②急性型。此型在流行过程中占较大比例。病禽表现精神沉郁、不食、呆立，羽毛蓬松，自口中流出浆性或黏性液体。禽冠及肉垂发绀呈紫色。病禽下痢，病程短，1～2天死亡。

③慢性型。在流行后期或本病常发地区可以见到。有的则是由急性病例不死转成慢性。病禽精神、食欲时好时坏，有时见有下痢。常见禽体某一部位出现异常，如一侧或两侧肉垂肿大；腿部关节或

趾关节肿胀，病禽跛行；有的有结膜炎或鼻窦肿胀。有时见有呼吸困难，鼻腔有分泌物，病禽拖延 1~2 周死亡。

（4）诊断　根据流行特点、病禽死亡快、急性病例典型的病理变化可作初步诊断。有条件的地方可取病死禽心、血、肝、脾制作涂片或触片，瑞氏染色在显微镜下观察，可见数量较多、形态一致、呈两极着色的杆菌，即可作确切诊断。

（5）防治措施　加强禽群的饲养管理，平时严格执行禽场兽医卫生防疫措施，以栋舍为单位采取全进全出的饲养制度，预防本病的发生是完全有可能的。一般从未发生本病的禽场可不进行疫苗接种。禽群发病后应立即采取治疗措施，有条件的地方应通过药敏试验选择有效药物全群给药。磺胺类药物、红霉素、庆大霉素、氟哌酸、喹乙醇等均有较好的疗效。在治疗过程中，剂量要足，疗程要合理，当禽只死亡明显减少后，再继续投药 2~3 天以巩固疗效，防止复发。与此同时要妥善处理病尸，做到无害化处理，避免人为地传播本病。加强禽场兽医防疫措施，搞好舍内外消毒工作，这些都对及早控制本病有重要作用。

2. 大肠杆菌病

鹅大肠杆菌病是由革兰阴性埃希氏大肠杆菌引起的。粪便污染种蛋是重要感染源之一，可使鹅胚孵出前就死亡，有些是孵出后死亡。这种损失可以延续 3 周以上。被病禽粪便污染的饲料，饮水以及污染的灰尘，都可以成为传播本病的因素，鹅蹼底部刺伤也可以感染。

（1）流行特点　本病的发生与不良的饲养管理有密切关系。天气寒冷、气候骤变、青饲料不足、维生素 A 缺乏，鹅群过度拥挤、鹅舍闷热、长途运输等因素，均能促进本病的发生和传播。雏鹅发病时，常与种蛋污染有关。成年母鹅群感染发病时，一般是产蛋初期零星发生，至产蛋高峰期发病最多，产蛋停止后本病也停止发生。流行期间常造成多数鹅死亡，死亡率可占母鹅发病总数的10%以上。公鹅感染后，虽很少会引起死亡，但可通过配种而传播疾病。交配传播也是本病的一个重要的传播途径。

（2）症状　病鹅表现为精神沉郁，呆立，嗜睡，不愿走动，羽毛蓬乱，食欲减退或废绝，流泪，鼻腔内有黏性分泌物，有呼吸道症状，拉白色或草绿色稀粪，肛门周围有白色粪便污染的痕迹。鹅雏发生脐炎，心包炎。有的母鹅粪便中含有蛋清、凝固蛋白、蛋黄。有的公鹅阴茎肿大，有大小不一的结节，严重者部分或大部分外露，当其与支原体传染性支气管炎和新城疫等混合感染时，常发生气囊炎。继发心包炎，肝脏周围炎，有时发生全眼球炎和输卵管炎。

（3）剖检变化　急性病例，内脏、浆膜、黏膜有不同程度的出血，肝绿色。有的发生全眼球炎，眼前房积脓。

慢性病例，气囊增厚，附有干酪样渗出物，心包内充满淡黄色纤维素性渗出物。许多母鹅发生慢性输卵管炎，输卵管有煮熟样白团块滞留。有的在扩张的输卵管内出现一个大干酪样块。

（4）诊断　根据流行病学特点，结合剖检变化，可作初步诊断。为了确诊，应采取病鹅心血、肝、脾病料涂片后用碱性美兰美蓝染液或姬姆萨姬染色后进行镜检，见有短小呈两极着色的小杆菌，即可确诊。

（5）防治措施　随着近年规模化养鹅业的发展，雏鹅发病也很普遍，而且日龄也越来越小，死亡率5%～50%不等。疫病常以4～8月份发病最多。天气突变和饲料单一往往成为该病诱因。因此，在阴雨天或其他应激条件下，应在饲料中添加抗生素进行预防，同时添加蛋白质及多种维生素以增强抵抗力。雏鹅发生大肠杆菌病，一般经卵由母鹅传播。孵化时，种蛋以及孵化用具要严格消毒，平时加强鹅群卫生消毒。尤其对公鹅要逐只检查，将阴茎上有病变的公鹅淘汰。对一些治疗效果差、复发率高的养鹅区最好用鹅大肠杆菌灭活油乳苗（每只0.5～1毫升）进行预防接种，注射后会有轻微的反应，但是很快会恢复。在发病鹅群注射灭活苗，1周后即无新的病例出现，能有效控制疫病的流行。种鹅群的强化免疫能给其后代雏鹅提供有效的被动保护力。

3. 鹅的鸭疫里墨氏菌感染

鸭疫里默氏菌感染是发生在鸭、鹅和火鸡等多种禽类中的重要传染病。自 Rimer 等从发病鹅分离到鸭疫里默氏菌后，世界各养鹅国家相继有发生该病的报道，此病已成为危害养鹅业生产最为严重的传染病之一。近年来，随着养鹅业向集约化、规模化发展，鹅的鸭疫里墨氏菌感染日趋严重。

（1）病原　鹅的鸭疫里墨氏菌感染是由鸭疫里墨氏菌引起鹅的一种急性或慢性、败血性的接触性传染病，主要发生在2～7周龄的小鹅身上，病的特征为纤维素性心包炎、肝周炎、气囊炎、干酪性输卵管炎、关节炎及麻痹。

（2）流行特点　1～8周龄的鹅对自然感染都易感，尤其以2～3周龄的小鹅最易感，一般常发病的疫群中1周龄以内的幼鹅很少发病（可能因有母源抗体），7～8周龄的也很少发病。本病在感染群中的感染率很高，有时可达90%。

一年四季都可发生，尤以冬春季节为甚。由于育雏室饲养密度过大、空气不流通、潮湿、卫生条件不好、饲养粗放、饲料中缺乏维生素与微量元素以及蛋白质水平过低等，均易造成疾病的发生与传播。

（3）剖检变化　病程较急的病例，可见心脏心包液增量，心外膜表面覆有纤维素性渗出物。病程较慢者，则心包有淡黄色纤维素充填，使心包膜与心外膜粘连，渗出物干燥。病程较久者纤维素性渗出物机化或干酪化。胆囊肿大，肝脏多肿大，肝表面包盖一层灰白色或灰黄色纤维素膜，极易剥离。肝土黄或棕红色，急性死亡者常为旱橙红色，肝实质较脆。脾多肿大或肿胀不明显，也常有纤维素膜。跗关节肿胀，触之有波动感，关节液乳白黏稠，关节液增加。

（4）诊断　最急性病例往往看不到任何明显症状突然死亡。急性病例的主要临床表现为嗜睡、缩颈或喙抵地面，腿软弱，不愿走动或行动蹒跚。不食或少食。眼有浆液或黏液性分泌物，常使眼周围羽毛粘连脱落。鼻孔流出浆液或黏液性分泌物。粪便稀薄呈绿色或黄绿色，部分小鹅腹部鼓胀。濒死出现神经症状，如痉挛、摇头或点头，背脖两腿伸直呈角弓反张状，尾部轻轻摇摆，不久抽搐而死。

（5）防治措施　预防本病首先要改善育雏室的卫生条件，特别注意通风、干燥、防寒以及改变饲养密度，地面育雏要勤换垫草。最好采用"全进全出"制饲养，以便彻底消毒。

寄生虫性疾病种类与防治

1. 鹅球虫病

鹅球虫病在欧美一些国家有所发生，但不常见，我国也有报道。鹅球虫病主要是由艾美尔科艾美尔属及泰泽属的球虫寄生于鹅的肾脏和肠道所引起的一种疾病，是鹅的主要寄生虫病之一。

（1）病原　据报道，鹅球虫有 15 种（寄生于肠道的 14 种，寄生于肾脏的 1 种），分别属艾美耳属和泰泽属。发生最多和危害性最大的虫种是截形艾美耳球虫和鹅艾美耳球虫。截形艾美耳球虫是引起肾球虫病的病原体，可引起小鹅肾功能障碍而导致死亡。卵囊两端呈截锥形，卵囊和其内生阶段的虫体只存在于肾脏或输尿管连接处附近的泄殖腔，因此诊断时可从肾脏和输尿管采集标本，检查有无特征性的卵囊来确定。这种球虫已在鹅、鸭和天鹅体内发现。鹅艾美耳球虫是引起肠道球虫病的病原体。其发育史与鸡、鸭球虫相似，在鹅的肾上皮细胞或肠上皮细胞内进行裂殖生殖和配子生殖，在外界完成孢子生殖。

（2）流行特点　鹅球虫为世界性分布，能造成雏鹅的大量死亡。Pellerdy（1974 年）报道，鹅球虫遍及全世界，某些地区的感染率可高达 80% ～90%。Hofstzd（1978 年）报道，鹅肾球虫病在美国艾奥瓦州可造成高达 87% 的鹅群损失。

1974 年，张福权等人调查广东省 78 个鹅场，其中 29 个场有柯氏艾美尔球虫流行，死亡率为 3.9% ～25%。1984 年，谢明权等人又调查了广东省肇庆、韶关、广州市郊等地区 20 群鹅，发现鹅球虫感染率为 60% ～95%，死亡率为 10% ～20%。1996 年，胡荣新等人报道安徽省宁国县鹅暴发球虫病，发病多在 5 ～7 月份，病鹅年龄在 15 ～60 日龄，其中 15 ～16 日龄占 24.5%，50 ～60 日龄为 12.2%，死亡率达 12% ～48%。

本病主要发生于小鹅身上，成年鹅多为带虫者，成为传染源。鹅因食受感染性卵囊污染的饲料及饮水而感染。各个品种的鹅均可发生本病。发病时间为 5 ～8 月份，发病日龄分别为 6 日龄、38 日龄和 73 日龄。

（3）临床症状　截形艾美耳球虫感染小鹅后可发生急性经过。病鹅的症状主要是精神委顿，衰弱，下痢，粪便呈白色，食欲消失，

眼睛迟钝、下陷，翅膀下垂，幸存鹅可能表现为眩晕和扭颈。鹅群能很快产生免疫力。感染鹅艾美耳球虫的病鹅，食欲缺乏，步态摇摆不稳，衰弱，腹泻，甚至死亡。

（4）病理变化　鹅球虫按寄生部位不同，可分为寄生于肾和寄生于肠道两种类型。

①肾球虫病。由具有强大致病力的截形艾美尔球虫所引起，本种球虫分布很广，对 3～12 周龄的鹅有致病力，其死亡率高达 30%～100%，甚至引起暴发流行。该病发病急，病鹅精神沉郁，衰弱，拉白色稀粪，厌食。翅下垂，目光迟钝，眼睛凹陷。幸存者歪头扭颈，步态摇晃或以背卧地。其剖检变化为肾肿大，由正常的淡红色变成淡灰黄或红色，可见有针头状大小的白色病灶或条纹状出血斑点，在灰白色病灶中含有尿酸盐沉积物及大量卵囊。

②肠道球虫病。寄生于鹅肠道的球虫中，以柯氏艾美尔球虫和鹅艾美尔球虫的致病力最强，能引起严重发病和死亡；其次为有害艾美尔球虫，其他种致病力较弱。鹅艾美尔球虫引起出血性肠炎，病鹅厌食，步态蹒跚，下痢，衰弱，小肠肿大，充满浓稠淡红棕色液体。小肠中下段有卡他性肠炎。剖检变化为：急性病鹅呈严重出

血性卡他性肠炎。自卵黄蒂后至泄殖腔病变最严重，肠黏膜增厚、出血、糜烂，回肠段和直肠中段的肠黏膜有麸糠样的假膜覆盖，取假膜压片镜检，可发现大量卵囊。十二指肠至卵黄蒂处病变轻，呈轻度充血或有卡他性炎症。肠内容物为红色至褐色黏稠物，不形成肠芯，取内容物镜检，可发现大量卵囊。

（5）实验室诊断　刮取假膜压片（或取肾组织压片）镜检，发现大量的裂殖体和卵囊。取肠内容物涂片镜检，查出大量卵囊即可确诊。

可根据症状、流行病学资料、急性死亡病鹅的病理变化、肠黏膜涂片和组织切片中发现各发育阶段球虫来诊断。

（6）防治

①加强饲养管理，及时清除粪便，更换垫料，保持清洁卫生，舍内保持干燥，防止鹅粪污染饲料及饮水。小鹅和成年鹅分开饲养。

②在饲料中添加抗球虫药物，对病鹅可选用下列药物治疗：

氯苯胍：80 毫克/千克混料，连用 3 天。再用 40 毫克/千克混料喂 3 天。并用配合其他抗生素使用，效果更好。连用 4~6 天，可预防本病暴发。

盐霉素：60 毫克/千克混料喂。

磺胺六甲氧嘧啶：0.05% 质量分数混料，连喂 3~5 天。

氯丙啉、球虫净或球痢灵：均按 125 毫克/千克浓度混入饲料，连续用药 30~45 天。

广虫灵：按 0.05% 质量分数混料，连喂 5 天。

同时，要加强卫生管理，鹅舍应保持清洁干燥，定期清除粪便，定期消毒。在小鹅未产生免疫力之前，应避开有大量卵囊的潮湿地区。

2. 鸭鹅住白细胞虫病

鸭鹅住白细胞虫病已在欧美一些国家造成了危害。如沿北美东北海滨地区，鸭鹅每年的发病率高达20%，严重地区小鹅全部感染。我国尚未发现，随着国际贸易日益频繁和养禽业不断发展，对鸭鹅住白细胞虫病也应提高警惕。

（1）病原　病原是西氏住白细胞虫。吸血蝇、蚋既是它的终宿主，也是传播媒介。

（2）流行特点　西氏住白细胞虫对鸭和鹅有致病力。在美国一个州暴发1次，使35%的鸭死亡。在另一地区，小鹅都因此病遭受大量损失，每4年中总有1次病死率超过70%。本病多发生在7月份。

（3）症状与病变　雏鸭废食、乏力、倦怠、呼吸困难，有的雏鸭在24小时内死亡，大多数在感染后11~19天死亡。病变可见贫血、肝脾肿大和肝变性。成年鸭只出现倦怠等症状，很少出现急性症状，死亡率也低。

（4）诊断　根据发病季节、症状和病变可作初步诊断，如同时能从病鹅的血液、脏器涂片以及肌肉小白点的组织压片中找到虫体及裂殖体即可确诊。

（5）防治　防止媒介昆虫进入鹅舍或杀灭鹅舍周围的媒介昆虫，对防治本病有重要意义。掌握本病的发生规律，在流行前或流行初期用药物预防，也能收到满意的效果。预防可选服下列药物：磺胺二甲氧嘧啶25~75毫克/千克或息疟定1毫克/千克混于饲料，磺胺喹哑啉77~130毫克/千克溶于水中，复方敌菌净200毫克/千克混于饲料中。上述药物在流行期连续服用，均有良好效果。此外，在该病流行季节之前，用氯羟吡啶125毫克/千克连续口服，有良好防治效果。

治疗可选用：磺胺二甲氧嘧啶 500 毫克/千克饮水 3～7 天，然后再用 300 毫克/千克饮水 2 天；磺胺二甲氧嘧啶 400 毫克/千克和息疟定 4 毫克/千克混于饲料连续服用 1 周后，改用预防剂量；复方敌菌净 200 毫克/千克混于饲料服用，为防止药物中毒，可连续服用 5 天，停药 2～3 天，然后再服用。注意适时改换药物，以免造成抗药性。注意搞好禽舍周围的环境卫生，特别是对粪便要进行高温堆肥发酵处理。

3. 鹅矛形剑带绦虫病

矛形剑带绦虫主要寄生于鹅。对鹅的生长发育、增重肥育和产蛋危害很大。平均感染率为 35%～37%。

鹅的小肠中，可以有多种绦虫寄生，以矛形剑带绦虫危害最严重。本病分布很广，多呈地方性流行，对幼鹅危害最重。

（1）病原 矛形剑带绦虫是禽类的一种大型绦虫，虫体扁平、分节、呈带状矛形，头节小，顶突上有 8 个小钩，颈短，链体有节片 20～40 个，往后逐渐加宽。中间宿主为剑水蚤。雌雄同体，缺乏口和特有的消化器官，完全从宿主消化道的内容物中吸取营养。虫体较大，一般长 10～30 厘米。

（2）流行特点 中间宿主是各种甲壳动物如剑水蚤。虫卵或孕卵节片随鹅粪便排出体外，被剑水蚤吞食，约经 6 周发育为似囊尾蚴。鹅吞食了带有似囊尾蚴的剑水蚤而受到感染。

（3）症状与病变 本病主要危害一两个月的幼龄病鹅。鹅被该虫寄生后，由于受虫体的机械刺激及虫体产生毒素和吸取营养，会使小肠壁受损，引起出血性炎症。之后出现食欲缺乏，消化机能障碍，粪便稀薄，先呈淡绿色后变淡灰色，有恶臭并混有白色绦虫节片，食欲减退，到后期就完全不吃，烦渴，生长停滞，消瘦，精神委顿，不能起立。最后极度贫血、瘦弱而死。病鹅羽毛松乱，常离群独处或停浮在水面上。有时出现神经症状，运动失调，走路摇晃。有时失去平衡而摔倒，难以站起。夜间有时伸颈张口如钟摆摇头，然后仰卧，作划水动作。如合并其他不良环境因素（如气候、温度等）能使大批病幼鹅死亡。

当大量虫体聚集在肠内时，可引起肠管阻塞；虫体代谢产物被吸收时，会出现痉挛，精神沉郁，贫血和渐进性麻痹而死。

剖检时可见小肠发生卡他性炎症和黏膜出血，其他浆膜组织也常见有大小不一的出血点，心外膜上更为显著。肠腔内可见有大量虫体堵塞肠道。

（4）诊断 病鹅粪便中查到孕节即可确诊，尸体剖检发现虫体也可确诊。

（5）防治

①在本病流行区，成年鹅每年进行 2 次预防性驱虫。第一次是在秋季，即自由放牧转入舍饲后 1 个月进行；第二次在春季，即在产蛋前 1 个月内进行。幼鹅应在放牧后 20 天内全群驱虫 1 次。驱虫投药后 24 小时内，应把鹅群圈养起来，把粪便收集堆积高温发酵，以杀死排出的虫卵，防止再传播。

②饲喂富含蛋白质和维生素的饲料，增强鹅体抗病能力，搞好环境卫生，消灭中间宿主。

③幼鹅容易感染绦虫病，应与成年鹅分开饲养。

④药物防治，应用硫双二氯酚，按每千克体重 150～200 毫克，1 次口服，效果最好。吡喹酮，按每千克体重 10 毫克，拌入饲料中 1 次喂服。抗蠕敏（丙硫苯咪唑），按每千克体重 20 毫克的剂量 1 次喂服。

在大群鹅药物驱虫时，常因品种、剂量、体质等差异以及对硫双二氯酚的敏感性不同，有的个体在喂服后半小时内发生站立不稳，口吐白沫，闭眼静坐等反应。此时可用阿托品注射液 0.1 ~ 0.3 毫升，肌内或皮下注射，即可恢复。个别恢复缓慢者，可隔 2 ~ 4 小时再重复用药 1 次。

4. 鹅蛔虫病

鹅发生蛔虫病的较少。据浙江省 1985 年调查，感染率为 2%，感染强度为 1 条；1990 年江苏农学院对山东省 10 只种鹅的检查，感染率高达 50%，感染强度为 1 ~ 12 条。说明鹅也可感染蛔虫，但共感染率和感染强度都不太高，这与饲养管理的条件有关。

（1）病原　鹅的蛔虫病是由鸡蛔虫所引起。鸡蛔虫为淡黄白色像豆芽样的线虫，雄虫长 26 ~ 70 毫米，雌虫长 65 ~ 110 毫米，虫卵为椭圆形。蛔虫成虫主要寄生在小肠内。雌虫产的卵随粪便一起排到外界。刚排出的虫卵，因还未发育成熟，是没有感染力的。如果外界的湿度和温度适宜，虫卵就能继续发育，经 10 ~ 16 天后就变成感染期虫卵（卵内幼虫已形成一条盘曲的幼虫）。感染期幼虫在土壤中一般能生存 6 个月，鹅吃到这种感染期虫卵后就会被感染。幼虫在腺胃内脱壳而出，到小肠内生长发育。约经 9 天后，幼虫又钻进肠壁黏膜中进一步发育，此时，常引起肠黏膜出血，到 17 天或 18 天时，幼虫重新回到肠腔发育成熟。幼虫的整个发育期需要 35 ~ 60 天，才能完全成熟，这时鹅粪中就有蛔虫卵排出。蛔虫卵对寒冷的抵抗力很强，而 50℃ 以上的高温、干燥和阳光直射，则很易使虫卵死亡。

（2）症状　病鹅的症状与感染虫体的数量、本身营养状况有关。轻度感染或成年鹅感染后，一般症状不明显。雏鹅发生蛔虫病后，常生长不良，精神不佳，行动迟缓，羽毛松乱，贫血，食欲减退或异常，腹泻，逐渐消瘦。

（3）诊断　仅根据症状难以确诊。如从粪内检查到虫卵、或剖检看到虫体时即可确诊。

（4）防治

①幼鹅和成年鹅分开饲养和放养。

②定期检查粪便，发现感染绦虫的鹅群应进行有计划的驱虫，以防止散播病原。下列药物可用于治疗：

驱蛔灵：用量为 0.25 克/千克体重，或在饮水或饲料中添加 0.025% 驱蛔灵，但加药的饲料和饮水必须在 8～12 小时内服完。

磷酸哌嗪片：用量为 0.2 克/千克体重。

甲苯咪唑：30 毫克/千克体重，1 次喂服。

左咪唑：25～30 毫克/千克体重，溶于半量的饮水中混饮，在 12 小时内饮完。

四咪唑（驱虫净）：如混饲时，则按 50 毫克/千克体重给药。

丙硫苯咪唑：10～25 毫克/千克体重，混饲给药。

搞好鹅舍清洁卫生，特别是垫草和地面的卫生。保持运动场地的干燥，及时清除鹅粪并进行发酵处理，是预防本病的有效措施。

5. 鹅裂口线虫

鹅裂口线虫是由寄生在鹅肌胃的鹅裂口线虫引起的一种寄生虫病。此病在各地流行较广，有的感染可达90%以上。主要危害小鹅，常造成大批死亡。

（1）病原　鹅裂口线虫属线虫纲圆形目毛圆科，常寄生在鹅的肌胃角质层之下，尤其是雏鹅。

（2）流行特点　本病常发生在夏秋季节，主要发生在 2 月龄左右的幼鹅身上，感染后发病较为严重，常因衰弱死亡。成年鹅感染多为慢性，一般不引起死亡成为带虫者。鹅群感染率高达95%以上，常呈地方性流行。鹅裂口线虫发育无需中间宿主，虫卵内形成幼虫并蜕皮2次，5～6天后幼虫发育成具有侵袭性的幼虫。感染性幼虫能在地面蠕动和水中游泳，鹅吃了含有侵袭期幼虫的草而受感染。也可以通过皮肤引起感染，皮肤感染时，幼虫经肺移行，幼虫在鹅体内约经3周发育为成虫，其寿命为3个月。

（3）症状　病雏表现为精神萎靡，食欲减退或不食，生长发育受阻，体弱，贫血，消化障碍，有时腹泻。若虫体多、饲养管理不当，可造成大批死亡。虫体少或鹅的日龄较大，则症状不明显，而成为带虫者和传播者。

（4）病理　可见肌胃发生严重的溃疡、坏死、变色（呈棕黑色）。剖检时可见大量红色细小的虫体寄生在肌胃角质层较薄部位，部分虫体埋在角质层内。在腺胃和食道有时也可以找到虫体。

（5）防治措施

①预防。要把大、小鹅分开饲养，避免使用同一场地，这样就能让雏鹅摆脱裂口线虫侵袭。对于放牧场所要空闲1～2个月，在空闲期间，搞好鹅舍卫生，彻底消毒，可清除病原。雏鹅从放牧开始，经17～22天，进行第一次预防性驱虫，以后依据具体情况进行第二次驱虫。驱虫应在隔离鹅舍内进行，投药后两天内彻底清除粪便，并进行生物发酵处理。

②治疗可选用下列药物治疗：

盐酸左旋咪唑，按25毫克/千克体重，口服，间隔3～7天驱虫1次。

丙硫咪唑，按10～30毫克/千克体重，混合均匀拌料喂给。

驱虫净，按40毫克/千克体重，均匀拌料饲喂，或按0.01%浓

度溶于水中，连饮 7 天为一个疗程。

甲苯咪唑，按 30 ~ 50 毫克/千克体重，或用 0.0125% 混饲，每天 1 次，连用 2 天。

6. 异刺线虫病

异刺线虫病又称盲肠虫病，是由异刺科异刺属的异刺线虫寄生于鸡、火鸡、鸭、鹅等禽、鸟类的盲肠内引起的一种线虫病。本病在鹅群中普遍存在。

（1）病原 异刺线虫细小，呈白色，头端略向背面弯曲，食道末端有一膨大的食道球。雄虫长 7 ~ 13 毫米，尾直，末端尖细；两根交合刺不等长、不同形；有一个圆形泄殖腔前吸盘。雌虫长 10 ~ 15 毫米，尾细长，阴门位于虫体中部稍后方。虫卵呈灰褐色，椭圆形，大小为（65 ~ 80）微米×（35 ~ 46）微米，卵壳厚，内含一个胚细胞，卵的一端较明亮，可区别于鸡蛔虫卵。

（2）流行特点 成熟雌虫在盲肠内产卵，卵随粪便排于外界，在适宜的温度和湿度条件下，约经 2 周发育成含幼虫的感染性虫卵。家禽因吞食了被感染性虫卵污染的饲料和饮水或带有感染性虫卵的蚯蚓而感染，幼虫在小肠内脱掉卵壳并移行到盲肠而发育为成虫。从感染性虫卵被吃入到在盲肠内发育为成虫需 24 ~ 30 天。此外，异刺线虫还是鸡盲肠肝炎（火鸡组织滴虫病）病原体的传播者。当一只鸡体内同时有异刺线虫和火鸡组织滴虫寄生时，组织滴虫可进入异刺线虫卵内，并随虫卵排到体外，当鸡吞食了这种虫卵时，便可同时感染这两种寄生虫。

（3）症状 患禽消化机能障碍，食欲缺乏或废绝，下痢，贫血，雏禽发育停滞，消瘦甚至死亡，成禽产蛋量下降或停止。

（4）病理 尸体消瘦，盲肠肿大，肠壁发炎和增厚，有时出现溃疡灶。盲肠内可查见虫体，尤以盲肠尖部虫体最多。

（5）诊断　检查粪便发现虫卵，或剖检在盲肠内查到虫体均可确诊，但应注意与蛔虫卵区别。

7. 比翼线虫

本病是由比翼科比翼属气管比翼线虫及斯氏比翼线虫寄生于鹅、鸡等禽类气管引起的，因病禽张口呼吸，又名开口虫病。因其寄生状态总是雌雄虫交合在一起，故名比翼线虫病。

（1）病原　虫体因吸血而呈鲜红色，雌虫比雄虫大，长 5～26毫米，雄虫长 2～6毫米。雌雄虫常处于交合状态，外观呈 Y 字形。雌虫在气管内产卵，卵随气管分泌物咳出体外或咽下随粪便排出体外。鹅食入感染性幼虫卵或孵出感染性幼虫后被感染。幼虫也可被蚯蚓、蛞蝓、蜗牛、蝇等摄入，但在其体内不发育而以包囊形式长期生存，当鹅食入了这些动物后被感染。幼虫先移行到肺，然后到气管内发育为成虫。同时，野鸟和野生火鸡任何年龄都易感但不发病而成为本病的自然宿主。

（2）症状　患鹅食欲下降，生长不良，消瘦，严重者废食、腹泻，粪便红色带黏液。特征性症状是呼吸困难，常伸颈张口呼吸，并常伴发咳嗽和打喷嚏，时常摇头，欲排出气管内黏液和虫体，最后因窒息、衰竭而死。

（3）病理　病变可见肺脏淤血、水肿和大叶性肺炎，气管有卡他性、黏液性炎症，有被带血黏液所包围的虫体。

（4）诊断与防治　根据特殊的开口呼吸症状，经剖检或打开口腔观察及用棉拭子插入气管擦裹，在气管中发现虫体或者用漂浮法在粪便中查到虫卵即可确诊。

对本病的防治应以堆积发酵粪便，搞好鹅舍及运动场的卫生及

消毒，消灭蚯蚓等贮藏宿主。在常发鹅场及地区，应用药物预防。防治药物为：碘溶液，碘片 1.5 克，碘化钾 1.5 克，蒸馏水 1500 毫升，雏鹅每只 1 ~ 1.5 毫升，气管注射或用细胶管灌服；噻苯唑，按 0.1% 混饲，连用 2 周；丙硫咪唑，50 ~ 100 毫克/千克体重内服，效佳。

8. 毛滴虫病

本病是由鹅毛滴虫引起的一种寄生虫病。其主要特征是在肠道后段的溃疡性损伤及肝脏等脏器发生肿大。

（1）病原　鹅毛滴虫虫体呈卵圆形，前端有 4 根活动的鞭毛和 1 个波动的薄膜，鞭毛的长度常超过虫体的 2 ~ 3 倍。所有的滴虫都有活泼的运动性。

据某些地区的调查，在本病流行地区的养禽场中，有 50% ~ 70% 的成年鹅、鸭都轻度感染毛滴虫，从而成为该病原的携带者。鼠类也可传播本病。鹅、鸭食入污染毛滴虫的饲料或饮水，可引起发病。尤其当禽只前段消化道黏膜受到损伤时，更易感染本病。

（2）症状　禽只食入被毛滴虫污染的饲料和饮水后，一般经 5 ~ 8 天会出现症状，分为急性和慢性两种。

急性型：小鹅感染多取急性经过。病雏体温升高，精神委顿，食欲下降或废绝，而后出现跛行，行动困难，长期蹲卧。吞咽、呼吸困难。腹泻，粪便淡黄色，消瘦。食道膨大部体积增大，头向下弯曲。少数病例有结膜炎、流泪。口腔和喉头黏膜充血，可见有淡黄色小结节。病鹅常因败血症而死亡。

慢性型：病禽消瘦，绒毛脱落，常在头、颈或腹部出现无毛区。口腔黏膜上常积聚干酪样物，当形成广泛的消化道病变后，喙难以张开，采食困难。

（3）病变　急性病例在口腔及喉头见有淡黄色小结节、有的病例因食道的溃疡而引起穿孔。如病变只限于肠道和上呼吸道，则部分病例可形成疤痕而康复。如病变波及内脏（如肠、肝、肺及气囊）时，常可见到坏死性肠炎和肝炎。肝脏肿大，呈褐色或黄色，表面有小的白色病灶。还可常见胸膜炎、心包炎和腹膜炎。母鹅输卵管发炎、蛋滞留，蛋壳表面呈黑色，内容物腐败。输卵管黏膜坏死，管腔内积有粥状黏液，呈暗灰色或脓水样。卵泡全部变形。

（4）诊断　鹅毛滴虫病易与螺旋体病、维生素缺乏症和副伤寒混淆，应注意类症鉴别。除根据流行病学、症状和病理变化进行综合分析外，有条件时应将病禽送兽医检验部门进行化验。

（5）防治　在预防措施中，应注意到成年鹅体内能够携带毛滴虫（带虫者），因此必须把成年禽只和幼禽分开饲养。此外，还要搞好清洁卫生。灭鼠也是预防措施中的重要一环。

治疗本病可采用如下药物。

阿的平或氢基阿的平：鹅每千克体重用0.05克，或用雷佛奴尔每千克体重0.01克，按上述剂量溶于1~2毫升水中，逐只喂服，24小时后重复滴服一次。

阿的平：治疗和预防雏鹅毛滴虫病，每千克体重用0.1克，用水稀释，按照昼夜全群幼鹅所需要的药量，投入各个饮水槽中任其饮用，连续喂服5昼夜。

1∶2000的硫酸铜溶液：用这种溶液代替饮水，有一定的疗效，但要注意，如果饮用过量会引起中毒。

9. 鹅嗜眼吸虫病

嗜眼吸虫病是由嗜眼属吸虫寄生于禽类眼结膜囊和瞬膜所引起的一种寄生虫病。对幼禽危害严重，在我国南方多见。常见的是涉

禽嗜眼吸虫，寄生于鸡、鸭、鹅、火鸡及孔雀、番鸭、八哥、鸽、雉、野鸭和鸵鸟等珍禽，主要分布于江苏、福建、广东、台湾和东南亚等地。在一些养鹅地区，感染率很高，可达80%。每年的7~9月份为高发期。

（1）病原　虫体小而狭长，呈叶形、长椭圆形或圆柱形，体表光滑无棘。大小为（2.15~6.40）毫米×（1.12~1.92）毫米，口吸盘位于虫体的前端，腹吸盘在体前部1/3~1/4处，咽发达。睾丸位于虫体后部近末端，近圆形或倒椭圆形，前后相接排列，生殖孔开口于肠分支处。卵巢位于睾丸前，近圆形，虫卵椭圆形，淡黄色，无卵盖，内含毛蚴。

（2）流行特点　涉禽嗜眼吸虫以瘤拟黑螺和黑螺为中间宿主，浮萍和螺蛳是传播媒介。放养禽类通过吃食水域中的水生植物、小螺等而感染，从口腔感染后，虫体经上颚裂缝、鼻腔而进入眼部，或眼部接触囊蚴获得感染，该途径感染的虫体成活率最高，并可返回鼻腔而移行到另一眼中。我国南方每年5、6月与9、10月是感染最严重时期。

（3）症状　病鹅初期怕光流泪，眼结膜充血，并出现小点状出血或糜烂，或流出带有血液的泪液。眼睑水肿，两眼紧闭。重症患鹅角膜混浊、溃疡，并有黄色块状坏死物突出于眼睑之外，形成脓性溃疡。大多数呈单侧性眼病，也有呈双侧的病例。病鹅初期食欲减少，常摇头、弯颈，用爪搔眼。重症者引起双目失明，采食困难。表现消瘦，最后死亡。成年鹅感染后症状较轻，主要呈现结膜、角膜炎，消瘦，母鹅产蛋量下降。

（4）病理　剖检病死鹅时，可见到鹅的眼内瞬膜处有虫体附着。肠黏膜充血，部分有出血。其他实质器官均未见异常病变。

（5）防治

①预防。鹅群不在易感染疫病的水域放牧鹅群，同时杀灭瘤拟黑螺等，消灭传播媒介，杜绝病原传播；在流行地区，用作饲料的牧草应杀灭幼囊处理后再食用。

②治疗。首先，用75%酒精滴眼，由助手将鹅固定，别人固定鹅头，右手用钝头金属棒或眼科玻璃棒，从眼内扒瞬膜，用药棉吸干泪液后，立即滴入75%酒精4~6滴。此法操作简便，可使病鹅症状很快消失，驱虫率100%。其次，由于酒精对眼睛的刺激，会出现暂时性的充血，可用环丙沙星眼药水滴眼，不久即可恢复。

第二节 鹅的营养代谢病与防治 》》

维生素 A 缺乏症的防治

维生素 A 是家禽正常发育、维持视觉以及黏膜的完整性所必需的维生素，它能保护上皮和黏膜，促其发育和再生；提高繁殖力，尤其对呼吸道、上消化道和泌尿生殖道黏膜完整性的维护尤为必需。还能促进机体和骨骼的生长，增强禽类的抗病力。北方冬季养鹅，长期缺乏青饲料时易发生本病。

（1）症状 雏鹅发生本病时，生长发育严重受阻，增重缓慢甚至停止。倦怠、衰弱、消瘦、羽毛蓬乱，自鼻孔流出黏稠的鼻液。呼吸困难，常张喙呼吸。由于软骨内造骨过程明显受到抑制，骨骼

发育障碍，因此病鹅行走蹒跚，出现两腿不能配合的步态，继而发生轻瘫或全瘫。本病的一个特征性症状是一侧或两侧眼睛流出灰白色干酪样分泌物，继而角膜混浊，软化，角膜穿孔和眼房液外流，最后眼球下陷、失明。各处黏膜发炎以至坏死，在口腔、咽和食道以及食道膨大部黏膜上常见有散在的白色小结节，或覆盖一层灰白色、易于剥离的干酪样物质。由于缺乏维生素 A，母鹅所产种蛋孵出的初生雏，常常双目失明或患眼炎。幼雏缺乏维生素 A 时，一般在 6~7 周龄时开始发病，病雏运动无力，两脚颤抖、瘫痪。眼、消化道及呼吸道呈现与小鹅一样的变化。

（2）防治　主要注意饲喂全价饲料，日粮中补充富含维生素 A 或胡萝卜素的饲料，如胡萝卜、青草、小虾、黄玉米等饲料。鹅群出现病鹅时，应于每千克饲料中补充 1000~1500 国际单位的维生素 A。也可在病鹅群饲料中加入鱼肝油，其剂量为每千克混合料中添加鱼肝油 2~4 毫升（先将鱼肝油加入拌料用的温水中，充分搅拌，使脂肪滴变细），充分拌匀后立即饲喂。个别重症病雏，可肌肉注射 0.5 毫升鱼肝油（每毫升含维生素 A50000 单位），成年母鹅每天喂鱼肝油 1.5~2 毫升，分 3 次口服。

维生素 B_1 缺乏症的防治

维生素 B_1 又名硫胺素，它是家禽碳水化合物代谢所必需的物质。谷物、糠麸、青饲料、黄豆粉等饲料中含有丰富的硫胺素。

（1）症状　雏鹅通常在 2 周龄内发病（成年鹅在饲喂缺乏硫胺素的饲料约 3 周后发病）。病初雏鹅精神沉郁，食欲缺乏，腹泻。脚软无力，行走或强迫行走时，步态不稳，身体失去平衡，常跌撞几步后即蹲下或倒在地上，两脚朝天或侧卧，作游泳样摆动、挣扎。

有时偏头扭颈或抬头望天，头向背后极度弯曲，呈现所谓"观星"姿势，或突然跳起，转圈。这些神经症状常为阵发性发作，一次比一次严重，最后倒地抽搐死亡。

（2）诊断　本病的诊断，可根据雏鹅特征性的神经症状，并结合鹅群的饲养管理情况，即可作诊断。

（3）防治　平时注意饲料合理搭配和调制，最好用糙米煮饭喂鹅，或用不洗的米煮饭。也可在米饭饲料中添加适量的米糠、麦麸，也可添加适量的复合维生素 B 溶液。注意在产蛋种母鹅的饲料中添加富含维生素 B_1 的饲料、如新鲜的青绿饲料、酵母粉及糠麸类，这对防止雏鹅发生维生素 B_1 缺乏症效果明显。

在雏鹅出壳干身后，可逐只喂给复合维生素 B 溶液，每雏 1~2 毫升，或以 1%~3% 浓度混饮，有较好的预防效果。病雏可用复合维生素 B 液内服或肌肉注射治疗，用量为每雏内服 0.5~1 毫升，连服 3 天。或内服复合维生素 B 片，每雏每天 1 片，连喂 3 天。严重病例可肌肉注射维生素 B_1 注射液，每只每天注射 0.2~0.4 毫升，1~2 次即可痊愈。

维生素 D 缺乏症的防治

维生素 D 能促进钙、磷的吸收，保持动物体中钙、磷比例的平衡，并能使钙、磷在骨骼中沉积。所以，当维生素 D 缺乏时，骨骼中的钙、磷均减少，骨骼不能进行钙化，结果骨质软化，雏禽缺乏维生素 D_3，就会发生佝偻病（或骨软化症）。

（1）症状　幼雏缺乏维生素 D_3 时，常在出壳后 10~11 天出现症状。若饲养管理不能及时改善，则病情逐渐增重，一般在 1 个月龄时，死亡严重。

病雏最早的症状是生长停滞，两腿无力，行走极其困难，步态不稳，左摇右摆，严重者不能站立。鹅喙变软或弯曲变形，导致啄食不便。由于钙化不良和软骨过度生长，造成关节肿大，尤以跗关节和肋骨关节更为显著。严重病例触摸龙骨，可见龙骨呈"S"状弯曲。产蛋母鹅通常要在维生素 D 缺乏 2~3 个月才出现症状。最初发现产薄壳蛋或软皮蛋的数量增加，随之产蛋量下降。孵化率降低，最后产蛋完全停止。喙及胸骨变软，两腿软弱无力，常呈蹲伏姿势。

(2) 病理变化 本病最具特征的变化是肋骨与脊椎接合部、肋骨与肋软骨接合部以及肋骨的内侧表面有局限性肿大，形成白色突起的珠球状结节。有些病例，在肋骨的同一水平位置上都有成串的珠球状结节，故俗称"肋骨串珠"。在这种珠状结节处，常发生自然性骨折，肋骨向后或向下弯曲。长骨（胫骨和股骨）的骨质钙化不良，变脆，严重病例的胫骨变软，易弯曲，但不易折断。

成年鹅的喙、胸骨变软，肋骨与椎骨接合处内陷，所有肋骨沿胸廓呈向内弧形的特征。

(3) 诊断 根据典型的症状与病变可以作初步诊断，确诊需测定饲料中维生素 D 含量。

(4) 防治 预防上注意饲料中钙、磷比例的搭配；注意提供鹅的日照时间；阴雨季节补充富含维生素 D 的饲料。病雏可喂给 2~3 滴鱼肝油，每天 1~2 次，2 天为一疗程；或内服维生素 D_3，每天 15000 单位/只，通常 1 次即可。须注意维生素 D 不能长时间超量喂服，防止中毒。

第三节　鹅的中毒病与防治　　　　》》

　　鹅发生中毒病，主要来源于三个方面。一是在饲养管理过程中，喂了有毒饲料或卫生环境不良而发生中毒。这类中毒病有：食盐中毒、马铃薯中毒、棉籽饼中毒、蓖麻中毒、黄曲霉中毒以及一氧化碳中毒等。二是误食了农药或鼠药引起的中毒。如有机磷农药中毒、氨基甲酸酯类农药中毒、磷化锌中毒等。三是给药不当而引起的药物中毒，如磺胺类药物中毒、呋喃类药物中毒、高锰酸钾中毒、喹乙醇中毒等。中毒病的诊断，根据鹅群发病的流行病学特点，很易确诊。但究竟是哪一种原因引起的，则应根据各中毒病的不同特点加以诊断，进而采取相应的措施进行抢救。鹅群中发生中毒病的一般规律：一是常在饲喂或用药后几小时内突然发生；二是越是强壮的鹅，吃得多的，中毒越严重，死得越快；三是中毒多成群地暴发，抗生素药物治疗无效；四是体温一般不升高，往往还会下降，并且常有呕吐、腹泻等症状。

肉毒中毒的防治

禽类如果吃入肉毒梭菌的毒素就会引起肉毒中毒。

（1）病原 肉毒梭菌又被称为革兰阳性菌。该细菌本身不会引起疾病，只有在缺氧条件下才会产生毒素。肉毒的毒素比较耐热，在80℃的条件下加热6分钟才能对其造成破坏。

（2）流行特点 禽类死亡后，其消化道内的肉毒梭菌可能会进入到肌肉里面，在缺氧条件下生长就会产生肉毒毒素。这种毒素可以积聚在蝇蛆的体内和体表，鹅类摄取了被肉毒毒素感染的蝇蛆就会中毒。肉毒梭菌的缺氧条件也包括一些有机物质，如死鱼、烂虾、饲料等。肉毒梭菌在死鱼烂虾体内繁殖，鹅吃了这些食物后也会引起肉毒中毒。

（3）症状 一般由摄取到吃含有肉毒毒素的食物1～2天会发病，少数会在几个小时内发病。病鹅的主要症状表现为木呆、垂翅，脚麻痹，虚弱，食欲废绝，呼吸困难。如果食用的毒素较多，可能会造成翅、腿、颈的完全麻痹。该病例典型的症状是颈软，鹅头颈伸直，平铺在地面上，因此该病又被称为"软颈病"。患病鹅不能游动，在水上漂流，其头颈因下垂而被溺死。

（4）病变 没有明显性的病变。

（5）诊断 根据病鹅的麻痹症状、没有明显性病变以及吃过的腐败食物等可以作相关诊断。如果想要测定肉毒梭菌抗毒素治疗的效果可以进行更深入的证明。

（6）防治 首先不饲喂鹅腐败的饲料，同时应该对死亡的鹅尸体进行焚烧、深埋或者扔到尸体的处理坑里。有条件的可以使用肉毒梭菌的抗毒素进行治疗。患病初期也可以使用泻剂，如使用2～3

克硫酸镁，放入水中进行溶解后给鹅灌服，可以加速毒素的排泄。

食盐中毒的防治

食盐（氯化钠）是维持鹅正常的生理活动所必需的物质。但是如果鹅饲料的搭配不当，导致饲料中含盐量达3％，或鹅每千克体重食入食盐3.5~4.5克时，即可引起中毒，严重者死亡。同时如果鹅摄取了食盐过多的残羹和咸鱼、咸菜等废弃物，就会引起食盐中毒。雏鹅比成年鹅更容易引发食盐中毒。

（1）症状与病变 鹅发生食盐中毒的轻重，主要取决于食盐量摄取的多少。过量的食盐摄取后，首先消化道会发生刺激性炎症，病鹅主要表现为食量减少或者完全废绝，不安，并伴有腹泻症状。之后患病鹅喝水，饮水量会比正常鹅多出数倍。中毒初期，病鹅表现为极度兴奋，接着出现一系列神经症状如精神沉郁、运动失调、行动无力甚至瘫痪等，最后因为虚脱而死。

对病死鸭进行剖检的时候可以看到其嗉囊内充满了黏性液体，黏膜脱落。有时候死鹅的腺胃黏膜会充血，有时候会形成假膜。小肠会发生急性卡他性肠炎或者出血性肠炎。有时可以看到皮下组织水肿，肺水肿，腹腔和心包积水。肝出现淤血、肾出现水肿，大多数病例在其输尿管内会发现盐类结晶沉积着。严重的病例，可以看到肾炎和心肌出血。

（2）防治 一旦发现鹅出现食盐中毒现象，应该立即停止饲喂食盐或者含盐量多的饲料，同时供给鹅充足的清洁饮水或者糖水。为了预防食盐中毒，应该严格控制饲料中的食盐含量，尤其是雏鹅的饲料。饲喂鹅咸鱼时，需要特别注意食盐的中毒问题，平时要经常给鹅供给充足的饮水。

马铃薯中毒的防治

在马铃薯发芽的时候，其在芽孔部和胚芽部都会含有马铃薯毒素，即龙葵素。这种毒素可以溶解细胞，对黏膜有强烈的刺激性，并能麻痹运动呼吸中枢。马铃薯中毒就是因为在饲喂鹅时使用了发芽后未经处理（如加热等）或者处理不彻底的马铃薯。

（1）症状　马铃薯中毒后的鹅主要表现为精神不振，不肯进食，运动失调，并伴有腹泻症状。一般体温不会升高，发病严重的时候可以导致鹅体温升高、昏迷、抽搐、呼吸困难，甚至呼吸麻痹而死亡。

（2）防治　防治马铃薯中毒主要是不饲喂鹅发芽或者腐烂的马铃薯。如果一定会用到发芽的马铃薯作为饲料的时候时，应该将马铃薯嫩芽清除，并且充分蒸煮。马铃薯的嫩芽、茎叶和花蕾中也会含有毒素，如果把它们当作饲料，必须经过晒干或青贮发酵等的加工处理才能饲喂。对中毒的病鹅，可以用淡盐水或糖水饲喂，也可以给病鹅灌服适量的0.02%高锰酸钾或者0.5%鞣酸溶液，并且采用其他的对症治疗方法。

蓖麻中毒的防治

饲喂未经彻底处理的蓖麻籽饼或误食蓖麻的茎、叶和果实后往往会引起蓖麻中毒。其主要原因是蓖麻的茎、叶和果实都含有可以引起中毒的蓖麻素和蓖麻碱。这种有毒的蓖麻蛋白被鹅吃了后，经过胃的分解被肠道缓慢吸收，可以引发鹅组织变性，血液凝集，血管内形成了大量血栓，常常会导致鹅血液循环障碍，引起病鹅急性的出血性胃肠炎。

（1）症状与病变 蓖麻毒素作为一种血液毒，被病鹅肠道吸收后首先会在肠黏膜的血管中形成血栓，导致病鹅的肠壁出血、溃疡以致出血性胃肠炎。蓖麻毒素进入病鹅的体循环后可以进一步地引起各组织脏器，尤其是心、肝、肾以及脑脊髓的血栓性血管发生病变，使这些组织脏器发生出血、变性甚至组织坏死，进而引发病鹅的相应脏器的机能障碍和重剧的全身症状。发生蓖麻籽中毒后的鹅类主要表现为渐进性的麻痹和衰竭，腹泻，消瘦。剖解可观察到其肝脏肿大，并伴有黄白色斑点。出血性卡他性肠炎和淤血。肝、肾以及淋巴组织实质细胞变性和胆管增生。

（2）防治 在使用蓖麻籽饼饲喂鹅时，应该注意由少到多，逐渐增量的原则。蓖麻籽饼中含有的带毒毒的蓖麻蛋白量为1%，含有的干燥的蓖麻茎（叶）为3.3%，含有的幼嫩的新鲜茎（叶）为0.7%～1%。因此，如果这类饲料没有经过处理就不能随便饲喂。给蓖麻籽饼去除毒素或者减少毒素可以采用浸出法或者蒸煮法。浸出法就是用6倍量的10%氯化钠液浸泡蓖麻籽饼6～10小时，之后用清水洗干净。蒸煮法就是把蓖麻籽饼放在120～128℃的条件下进行蒸煮1.5～2.5个小时，或者放在150℃条件下蒸煮1～2小时，用来破坏蓖麻籽饼中的毒素。对于已经中毒的鹅，没有快速的治疗方法，不过可以采取对症治疗的方法，并口服硫酸钠类的泻剂。

磺胺类药物中毒的防治

磺胺类药物滥用时，如用量过大、服用时间过长，或者在添加到饲料中使用的时候，药片粉碎的不够细，搅拌不够均匀，都可能可引起一些鹅服用过量而中毒。现在已知的能使禽类中毒的磺胺类

药物包括磺胺二甲嘧啶、磺胺喹哑啉、磺胺脒，周效磺胺等，其中磺胺二甲嘧啶毒性最大。据观测，4～12周龄的鸡，用0.25%的磺胺二甲嘧啶混合饲喂，连续使用5～7天，就会发生中毒现象。

（1）症状 磺胺类药物的急性中毒主要表现为鹅兴奋，废食，腹泻，痉挛，麻痹等现象。如果大量用药或连续用药超过1周时，就会出现慢性中毒病例，病鹅主要表现出精神不振，食欲减少或废绝，喝水，贫血，黄疸，羽毛松乱，头部肿大，呈现蓝色，其翅膀下面会出现皮疹，便秘或者腹泻，粪便呈现酱油色。产蛋变少，或蛋壳较软。鹅中毒后会出现出血综合征，主要是皮肤、皮下组织、肌肉、内脏器官出血。

（2）防治 一旦发现鹅磺胺类药物中毒，应该立即停止用药，可以先给病鹅服用1%～5%的小苏打溶液，以防磺胺类药物结晶形成结石。治疗时可以给病鹅内服维生素C同时在饲料中混以0.05%的维生素K_3。也可以饲喂些车前草水，加入适量的小苏打，帮助鹅体尽快排出药物。发病早期还可以给病鹅服用甘草糖水进行一般性地解毒，有一定效果。对中毒严重的病鹅可以采用肌注维生素B_{12} 1～2微克或者叶酸50～100微克的方法。在磺胺类药物的应用中应该严格掌握好适应证、剂量和使用时间，不可以随便增加用量，更不可以觉得治疗药物的用量越大越好。

呋喃类药物中毒的防治

如果使用呋喃类药物的剂量过大，如计算错误或者使用的时间过长，或者在饲料和饮水里面搅拌不匀，就会容易引起呋喃类药物中毒，尤其是呋喃西林的毒性比较大，目前已经被停止使用。鹅与鸡一般都会发生呋喃类药物中毒现象，不过鹅比鸡更敏感。

（1）症状与病变　急性中毒时发病很快。有的鹅会表现为精神委顿，有的鹅则表现为异常兴奋，口渴，废食，鸣叫不断，之后很快就会出现因兴奋过度引发的神经症状，运动失调，两脚抽搐，倒地转圈。雏鹅中毒后会不停乱叫，到处找水喝，行动迟钝，走路不稳或者不能站立，扭颈，头部弯曲，向左右旋转，倒地痉挛，最终震颤而死。发病快的鹅在出现以上症状后10多分钟就会死亡，最慢的也可能拖延10多个小时才死亡，不过一般在3小时内病鹅均会死亡大半或者全部死亡。对病死鹅进行剖检时，可以观察到病死鹅的口腔、嗉囊、腺胃、肌胃里面的内容物和黏膜都已经被染成了黄色，小肠以及大肠的部分肠段出现充血、出血现象，整段肠管的黏膜都变成黄褐色。病死鹅的胆囊肿大，充满了胆汁。病程比较长的病死鹅还可以看到肾脏、脑膜和颅骨内有明显的充血，全身特别是肺脏，出现水肿和淤血。

（2）防治　首先在使用呋喃类药物的时候，应该严格控制好使用量。使用呋喃唑酮进行大范围治疗时，应该按照成鹅干饲料的 0.02%～0.04% 的比例加入，同时使用时间也不要超过 7 天；仅作预防作用时，应该按照成鹅干饲料的 0.01%～0.02% 的比例加入呋喃唑酮，接连饲喂 7 天。在进行大范围的治疗时，一定要搅拌均匀，对放入饮水中的药片要进行细磨，使之溶解充分，滤除不能溶解的小颗粒，避免造成鹅中毒。对病鹅喂药后要注意观察病鹅的反应，如果发现有中毒现象，必须立即停止用药，采取紧急措施。服药的时间最好安排在早上或者中午，以便有充足的时间观察病鹅服药后的反应。关于呋喃类药物的中毒，目前还没有特效的解毒药，不过发现鹅中毒后，可以试着用蔗糖水解毒或者口服硫酸镁促使毒素排出。对重症病雏可以进行肌注维生素 C、维生素 B_1 混合液，每雏 0.5 毫升，每天 1 次，并同时饲喂 10% 葡萄糖水。

黄曲霉毒素中毒的防治

　　黄曲霉毒素中毒，即所谓的霉玉米中毒，是家禽中一种比较常见的霉饲料中毒病。黄曲霉毒素属于黄曲霉菌中一种有毒的代谢产物。黄曲霉菌在自然界中分布得很广泛，不过大多数的黄曲霉菌不会产生毒素，只有一部分的菌株有毒素产生。据调查研究，在温暖而潮湿的环境中，玉米上可以产污染率可高达30%以上的黄曲霉毒素菌株。玉米、花生、豆饼、麸皮、米糠等最容易受其污染。如果这种发霉的饲料被禽类吃了，就会引发黄曲霉毒素中毒。

　　现在已经被发现的黄曲霉毒素有20多种，其中 B_1 毒素的毒力最强，它可以对人、畜以及禽类产生剧烈的毒性，主要损坏肝脏，并且有致癌的作用。在家禽中幼鸭的敏感性是最高的，雏鸭不足7日龄的，只要口服或者注射50～60微克的黄曲霉毒素 B_1，就会引起黄曲霉毒素中毒死亡。因此，雏鸭常常被用来当作测定饲料中的黄曲霉毒素是否存在的实验动物。

　　目前，黄曲霉毒素中毒在发现的各种霉菌毒素之中是最稳定的毒素。高温、强酸、紫外线照射均不能破坏它，只有将其加热到268～269℃的时候黄曲霉毒素才开始分解。强碱和5%的次氯酸钠可以完全破坏黄曲霉毒素 B_1。在120℃高压锅中加热2小时，该毒素也不会被破坏。

　　（1）症状与病变　该病毒的症状表现与禽只的年龄和服用的剂量有关。

　　雏禽一般都属于急性中毒。没有明显的症状，常常会发生突然性死亡。病程比较长的雏禽则会表现出食欲减退或者废绝，脱毛，行动不稳，严重跛行。雏禽的腿和脚由于皮下出血会呈现紫红色，死前其头颈会出现角弓反张，死亡率高达100%。

成年家禽的耐药性比雏禽好一些。其急性中毒的症状和雏禽比较类似。常见的症状是病禽渴欲增加和腹泻，会排出白色或者绿色的稀便。慢性中毒时候，其症状不是很明显，只能观察到病禽食欲减少，消瘦、衰弱、贫血，病程比较长的病例可能发生肝癌。

剖检时黄曲霉中毒的特征病变主要体现在肝脏上面。急性中毒病例的肝脏常常肿大、色淡，质地较软，出现出血点。病禽的胆囊扩张，肾脏颜色变淡稍微肿大，胰腺上有出血点，其胸部皮下和肌内常常可以观察到出血现象。亚急性或者慢性病例的肝脏因为胆管的明显增生而出现硬化现象，且肝硬化的程度随着病程的加长而加深，肝脏上可以看到有白色小点状或者结节状的增生病灶，肝脏的颜色变黄，质地坚硬。心包和腹腔中会积蓄液体。病禽的小腿和蹼的皮下可能会有出血。

（2）诊断　首先检查病鹅是否有饲喂发霉玉米或者其他发霉饲料的病史，同时观察病死鹅肝脏的特征性变化就可以进行初步的诊断。采取可疑饲料样品进行毒素测定才能最后确诊。

（3）防治　想要预防黄曲霉中毒，其根本措施就是不给鹅饲喂发霉的饲料。同时，平时要加强对鹅饲料的保管，注意保持饲料干燥，防止发霉。饲料库如果已经被黄曲霉毒素污染，应该用甲醛熏蒸或者用过氧乙酸喷雾进行消毒。被毒素污染过的饲养用具，可以使用2%次氯酸钠液进行消毒。对体内含有毒素的中毒禽应该深埋，不要食用。一旦发现鹅群发生中毒现象，应该立刻更换饲料。